DESENHO TÉCNICO CIVIL

ROBERTO MACHADO CORRÊA

DESENHO TÉCNICO CIVIL

Projeto de Edifícios e outras Construções

© 2019, Elsevier Editora Ltda.
Todos os direitos reservados e protegidos pela Lei 9.610 de 19/02/1998.
Nenhuma parte deste livro, sem autorização prévia por escrito da editora, poderá ser reproduzida ou transmitida sejam quais forem os meios empregados: eletrônicos, mecânicos, fotográficos, gravação ou quaisquer outros.

ISBN: 978-85-352-9120-9
ISBN (versão digital): 978-85-352-9121-6

Copidesque: Augusto Coutinho

Revisão tipográfica: Wilton Palha

Editoração Eletrônica: DTPhoenix Editorial

Elsevier Editora Ltda.
Conhecimento sem Fronteiras

Rua da Assembléia, nº 100 – 6º andar
20011-904 – Centro – Rio de Janeiro – RJ

Av. Nações Unidas, nº 12995 – 10º andar
04571-170 – Brooklin – São Paulo – SP

Serviço de Atendimento ao Cliente
0800 026 53 40
atendimento1@elsevier.com

Consulte nosso catálogo completo, os últimos lançamentos e os serviços exclusivos no site www.elsevier.com.br

---

NOTA

Muito zelo e técnica foram empregados na edição desta obra. No entanto, podem ocorrer erros de digitação, impressão ou dúvida conceitual. Em qualquer das hipóteses, solicitamos a comunicação ao nosso serviço de Atendimento ao Cliente para que possamos esclarecer ou encaminhar a questão.

Para todos os efeitos legais, a Editora, os autores, os editores ou colaboradores relacionados a esta obra não assumem responsabilidade por qualquer dano/ou prejuízo causado a pessoas ou propriedades envolvendo responsabilidade pelo produto, negligência ou outros, ou advindos de qualquer uso ou aplicação de quaisquer métodos, produtos, instruções ou ideias contidos no conteúdo aqui publicado.

A Editora

CIP-Brasil. Catalogação na publicação.
Sindicato Nacional dos Editores de Livros, RJ

C845d Corrêa, Roberto Machado
Desenho técnico civil: projetos de edifícios e outras construções / Roberto Machado Corrêa. – 1. ed. – Rio de Janeiro: Elsevier, 2019.
: il.

Inclui bibliografia
ISBN 978-85-352-9120-9

1. Desenho técnico. 2. Desenho (Projetos). 3. Construções civis. I. Título.

CDD: 624.1771
CDU: 62-11

18-54141

Aos meus pais.

Agradecimentos

Meu agradecimento especial ao Professor Roberto de Castro Saldanha pelas revisões de minhas apostilas que serviram de base para este livro.

Agradeço aos Professores Luiz Alberto Eduardo Magalhães *(in memoriam)* e Roberto Lins *(in memoriam)* pelas lições em suas disciplinas que me fizeram tomar gosto pelos projetos de edifícios.

Agradeço ao Professor Fernando Rodrigues Lima pela confiança no meu trabalho como docente e pelo apoio na implementação da disciplina de Desenho Técnico Para Engenharia Civil no Curso de Engenharia Civil da Escola Politécnica da Universidade Federal do Rio de Janeiro, proporcionando aos alunos terem a oportunidade de aprender a realizar desenhos técnicos de projetos de edifícios com precisão e agilidade para as disciplinas relacionadas e para a vida profissional.

Agradeço aos meus colegas Professores José Renato Mendes de Sousa, Ricardo Pereira Gonçalves e Patricia Carvalho Szendrodi pelo companheirismo, fruto de nossa relação com a disciplina Desenho Técnico Para Engenharia Civil.

Agradeço ao apoio e confiança dos colegas Professores Glauco Rodrigues, Natalia Pujol e Jaqueline Pires.

Agradeço aos meus colegas do Departamento de Expressão Gráfica da Escola Politécnica da Universidade Federal do Rio de Janeiro pelo suporte acadêmico e fraterno que me permitiram desenvolver e desempenhar minhas atividades de ensino do desenho técnico.

O Autor

Professor da Escola Politécnica da Universidade Federal do Rio de Janeiro. Engenheiro civil pela Universidade Federal do Rio de Janeiro. Mestre em Engenharia Civil pela Universidade Federal Fluminense. Doutor em Engenharia de Produção pela Universidade Federal do Rio de Janeiro. Atuou em projetos, legalização, vistorias e avaliação estrutural de imóveis. Foi chefe da Subdivisão de Engenharia e Infraestrutura da Prefeitura de Aeronáutica do Galeão, onde por cinco anos participou e coordenou diversos projetos, manutenções e fiscalizações de obras e serviços de engenharia civil na área de edificações, infraestrutura urbana e fortificação. Na Universidade Federal do Rio de Janeiro, coordenou os projetos de construção e reforma das novas instalações esportivas da Escola de Educação Física e Desportos que serviram aos Jogos Olímpicos de 2016. Foi diretor da Divisão de Engenharia do Hospital Clementino Fraga Filho e, atualmente, supervisiona projetos para o Centro de Tecnologia e o Instituto de Puericultura e Pediatria Martagão Gesteira, além de atuar com ensino, pesquisa e extensão pelo Departamento de Expressão Gráfica e pelo Programa de Engenharia Urbana da Escola Politécnica.

Prefácio

O desenho técnico de projeto de edifícios é uma linguagem do profissional de arquitetura, engenharia e construção e, portanto, só deve ter uma única interpretação para que não gere dúvidas nem induza a erros na execução. Esses erros causam desperdício de material e atrasam a obra, trazendo prejuízos e, na pior das hipóteses, inviabilizando o empreendimento.

Erros de elaboração e interpretação de desenhos são alguns dos problemas mais comuns encontrados em projetos. Os erros de projeto chegam a ser responsáveis por 80% do desperdício no subsetor de edificações.

A edificação (processo de edificar) é dependente da projetação (processo de projetar), da mesma forma que o uso e a manutenção do edifício dependem de como ele foi projetado e executado. Um bom projeto prevê não apenas solução para edificar, mas também facilidades de construção, uso e manutenção do edifício. Neste contexto, os desenhos de projeto são o resultado de todos os estudos e cálculos feitos para o sucesso de um empreendimento. São os desenhos que traduzirão todas essas informações no canteiro de obras, como também serão importantes para as decisões de reparos ou reformas do edifício.

A facilidade de leitura e interpretação dos desenhos de projeto está relacionada com a organização dos traços das linhas, dos textos e números, como também da distribuição dos desenhos no papel. Algumas normas técnicas e livros técnicos recomendam como alguns desses desenhos devem ser elaborados, mas por assuntos distintos, muitas vezes incluem diversas outras informações diferentes do desenho.

O ensino do Desenho Técnico Civil é importante para direcionar a forma de desenhar através de características comuns que padronizam legendas, anotações, hachuras, espessuras de linhas, tamanhos de fonte de textos e números, entre outros aspectos. Com este objetivo, este livro reúne os desenhos de projetos essenciais para a construção de um edifício, seja uma casa ou um prédio de diversos pavimentos.

Sumário

Dedicatória v
Agradecimento vii
O Autor ix
Prefácio xi

CAPÍTULO 1 Introdução ao Desenho Técnico de Projeto de Edifícios 1
    1.1 Pranchas 4
        1.1.1 Margens 5
        1.1.2 Legenda 5
        1.1.3 Dobragem 5
    1.2 Escalas e distribuição dos desenhos em prancha 7
    1.3 Espessuras de linha 7
    1.4 Tipos de linha 7
    1.5 Tamanhos de fonte 8
    1.6 Anotações de desenho 8
    1.7 Hachuras de material 8

CAPÍTULO 2 Desenhos de Terreno 11
    2.1 Planta de localização 13
    2.2 Perfis longitudinal e transversal 16
    2.3 Planta de plataforma e rampa 17
    2.4 Organização dos desenhos de terreno em prancha 21

CAPÍTULO 3 Desenho de Arquitetura 23
    3.1 Planta de situação 25
    3.2 Fachada 27
    3.3 Planta baixa 31
    3.4 Cortes longitudinal e transversal 40
    3.5 Planta de cobertura 45
    3.6 Organização dos desenhos de arquitetura em prancha 47

CAPÍTULO 4 Desenho de Estrutura de Concreto Armado 51
    4.1 Planta de formas 54
    4.2 Cortes longitudinais e transversais para formas 62
    4.3 Plantas de armação 66
    4.4 Organização dos desenhos de estrutura de concreto armado em prancha 77

CAPÍTULO 5 Desenho de Locação de Pilares e Fundações 83
    5.1 Locação de pilares 85
    5.2 Plantas de formas de fundação 88
    5.3 Plantas de armação de fundação 94
    5.4 Organização dos desenhos de locação de pilares e fundações em prancha 96

CAPÍTULO 6 Desenho de Estrutura de Madeira 101
    6.1 Planta de estruturas das paredes de madeira 117
    6.2 Desenhos de vigotas, laje e forro de madeira 119
    6.3 Desenho de estrutura de madeira do telhado 121
    6.4 Desenho de vedação das paredes de madeira e fachadas 122
    6.5 Organização dos desenhos de estrutura de madeira em prancha 126

CAPÍTULO 7 Desenho de Estrutura Metálica 131
    7.1 Planta de estrutura metálica 141
    7.2 Desenhos de detalhes de ligações de elementos estruturais metálicos 144
        7.2.1 Apoio de pilares em piso 145
        7.2.2 Transpasse de pilares 146
        7.2.3 Ligação de pilar com viga 147
        7.2.4 Ligação de viga com viga 148
        7.2.5 Engaste de viga metálica em estrutura de concreto 149
        7.2.6 Tirante instalado em perfil metálico 150
    7.3 Organização dos desenhos de estrutura metálica em prancha 150

CAPÍTULO 8 Desenho de Instalação Hidráulica 153

CAPÍTULO 9 Desenhos de Instalações de Água Fria e Água Quente 167
    9.1 Esquema ou diagrama vertical de instalações de água fria e água quente 169
    9.2 Planta baixa de instalações de água fria e água quente 172
    9.3 Desenhos de detalhe de instalações de água fria e água quente 176
    9.4 Pré-dimensionamento das tubulações de água fria e água quente 178
    9.5 Organização dos desenhos de instalações de água fria e
        água quente em prancha 178

CAPÍTULO 10 Desenhos de Instalações de Esgoto e Águas Pluviais 181
    10.1 Esquema ou diagrama vertical de instalações de esgoto e águas pluviais 183
    10.2 Planta baixa de instalações de esgoto e águas pluviais 185
    10.3 Desenhos de detalhe de instalações de esgoto e águas pluviais 188
    10.4 Pré-dimensionamento das tubulações e caixas de esgoto 190
    10.5 Dimensionamento das tubulações e caixas de águas pluviais 191
    10.6 Detalhe de ramal externo de águas pluviais 192
    10.7 Organização dos desenhos de instalações de esgoto e águas pluviais
        em prancha 192

CAPÍTULO 11 Desenhos de Instalações de Gás **195**
    11.1 Esquema ou diagrama vertical de instalação de gás 197
    11.2 Planta baixa de instalação de gás 198
    11.3 Desenho isométrico de instalação de gás 200
    11.4 Dimensionamento de tubulação de instalação de gás 201
    11.5 Organização dos desenhos de instalação de gás em prancha 202

CAPÍTULO 12 Desenho de Instalação Elétrica Predial **205**
    12.1 Esquema ou diagrama vertical de instalação elétrica predial 216
    12.2 Planta baixa de instalação elétrica 218
    12.3 Diagrama dos quadros de luz e força 221
    12.4 Quadro de cargas 223
    12.5 Organização dos desenhos de instalação elétrica predial em prancha 224

Referências 227

Figuras

FIGURA 1.1 Dobras de papel tipo A. 6
FIGURA 1.2 Exemplos de tipos de linhas. 7
FIGURA 1.3 Anotações de desenho. 9
FIGURA 1.4 Hachuras de material. 10
FIGURA 2.1 Planta de localização do terreno com curvas de nível. 14
FIGURA 2.2 Desenho do perfil do terreno antes da construção da plataforma. 16
FIGURA 2.3 Desenho do perfil do terreno depois da construção da plataforma. 17
FIGURA 2.4 Plataforma com taludes de corte e aterro. 18
FIGURA 2.5 Plataforma com rampa e taludes de corte e aterro. 19
FIGURA 2.6 Organização dos desenhos de terreno em prancha. 20
FIGURA 3.1 Cotas em desenho de arquitetura. 25
FIGURA 3.2 Planta de situação de uma casa. 26
FIGURA 3.3 Fachada principal (frontal) de uma casa. 28
FIGURA 3.4 Fachada lateral de uma casa. 29
FIGURA 3.5 Fachada posterior de uma casa. 30
FIGURA 3.6 Desenho de espessura de parede em planta baixa ou corte. 31
FIGURA 3.7 Desenho de paredes de alturas diferentes. 32
FIGURA 3.8 Desenho de janelas em planta baixa, sendo a janela da direita com parapeito acima de 1,50 m. 32
FIGURA 3.9 Desenho de detalhe de uma boneca de uma porta de abrir. 33
FIGURA 3.10 Cotagem de uma porta de abrir de uma folha. 33
FIGURA 3.11 Outros tipos de porta e vão sem porta. 34
FIGURA 3.12 Desenho de aparelhos em planta baixa. 34
FIGURA 3.13 Desenho de box de chuveiro em planta baixa. 35
FIGURA 3.14 Desenho de quadrículas 20x20 cm de piso em planta baixa. 35
FIGURA 3.15 Desenho de escada em planta baixa. 36
FIGURA 3.16 Desenho de rampa em planta baixa. 36
FIGURA 3.17 Planta baixa do primeiro pavimento de uma casa. 38
FIGURA 3.18 Planta baixa do segundo pavimento de uma casa. 39
FIGURA 3.19 Corte vertical de parede, janela e porta. 40
FIGURA 3.20 Desenho de quadrículas 15x15 cm de azulejo em corte vertical. 41
FIGURA 3.21 Desenho de escada em corte vertical. 41
FIGURA 3.22 Desenho de corte transversal de uma casa. 43
FIGURA 3.23 Desenho de corte longitudinal de uma casa. 44
FIGURA 3.24 Desenho de cobertura com telhado. 45
FIGURA 3.25 Desenho de cobertura com terraço. 46
FIGURA 3.26 Modelo de legenda de uma prancha de desenhos de arquitetura. 47
FIGURA 3.27 Prancha da planta de situação de uma casa. 48
FIGURA 3.28 Distribuição dos desenhos de arquitetura de uma casa em prancha. 49
FIGURA 4.1 Elementos principais de estrutura de concreto armado. 53
FIGURA 4.2 Cota no desenho de estrutura. 54
FIGURA 4.3 Projeção da estrutura que resulta na planta de formas. 55

FIGURA 4.4 Representação do nível da laje. 56
FIGURA 4.5 Representação das alturas e bases da viga. 56
FIGURA 4.6 Planta de formas com indicação das vigas rebatidas e respectivos cortes. 57
FIGURA 4.7 Representação de tipos de pilares em planta de formas. 58
FIGURA 4.8 Planta de formas do teto do primeiro pavimento de uma casa. 60
FIGURA 4.9 Planta de formas do teto do segundo pavimento de uma casa. 61
FIGURA 4.10 Corte transversal da estrutura de uma casa. 63
FIGURA 4.11 Corte longitudinal da estrutura de uma casa. 64
FIGURA 4.12 Planta de formas de escada e reservatório. 65
FIGURA 4.13 Barras de aço iguais e diferentes. 66
FIGURA 4.14 Especificação de uma armação. 66
FIGURA 4.15 Detalhe de um gancho de uma barra de aço. 67
FIGURA 4.16 Detalhe de um comprimento de emenda ou transpasse. 67
FIGURA 4.17 Posição das barras da laje na região tracionada. 68
FIGURA 4.18 Tipos de vãos: central, extremo e isolado. 69
FIGURA 4.19 Planta de armação do exemplo da memória de cálculo. 70
FIGURA 4.20 Planta de armação do primeiro pavimento de uma casa. 71
FIGURA 4.21 Planta de armação do segundo pavimento de uma casa. 72
FIGURA 4.22 Planta de armação de uma viga. 73
FIGURA 4.23 Planta de armação de pilares de um pavimento. 74
FIGURA 4.24 Planta de armação de escada. 75
FIGURA 4.25 Planta de armação de parede de uma cisterna. 76
FIGURA 4.26 Modelo de legenda de uma prancha de desenhos de estrutura. 78
FIGURA 4.27 Distribuição dos desenhos de estrutura de concreto armado de uma casa em prancha. 80
FIGURA 5.1 Locação da obra pelo eixo do pilar. 85
FIGURA 5.2 Locação da obra pelo vértice dominante do pilar. 86
FIGURA 5.3 Locação de pilares de uma casa. 87
FIGURA 5.4 Radier em perspectiva e corte. 88
FIGURA 5.5 Baldrame em perspectiva e corte. 88
FIGURA 5.6 Sapatas corridas em perspectiva e corte. 89
FIGURA 5.7 Blocos e sapatas isoladas em perspectiva e corte. 89
FIGURA 5.8 Detalhe de inclinação e espessura de sapata. 90
FIGURA 5.9 Sapata excêntrica e viga de equilíbrio. 90
FIGURA 5.10 Estacas e bloco de coroamento. 91
FIGURA 5.11 Tubulões e bloco de coroamento. 91
FIGURA 5.12 Fundações em sapatas de uma casa. 92
FIGURA 5.13 Planta de forma de uma sapata. 93
FIGURA 5.14 Planta de armação de uma sapata. 94
FIGURA 5.15 Plantas de armações de cintas e viga de equilíbrio. 95
FIGURA 5.16 Organização dos desenhos de locação de pilares e fundações. 97
FIGURA 6.1 Tipos de peças de madeira. 103
FIGURA 6.2 Emendas de peças de madeira por rasgo e chanfro. 104
FIGURA 6.3 Grampos para reforço de emendas de peças de madeira. 105
FIGURA 6.4 Pregos para ligação de peças de madeira. 106
FIGURA 6.5 Chafuz para estabilização de terças de madeira. 106
FIGURA 6.6 Apoios da estrutura do telhado. 107
FIGURA 6.7 Viga, empenas e pendural da estrutura do telhado. 107

FIGURA 6.8	Chafuz e terça da estrutura do telhado.	107
FIGURA 6.9	Ripas e caibros da estrutura do telhado.	108
FIGURA 6.10	Esquema transversal da estrutura do telhado.	108
FIGURA 6.11	Esquema longitudinal da estrutura do telhado.	108
FIGURA 6.12	Reforços do pendural.	109
FIGURA 6.13	Treliça Pratt com chafuz.	109
FIGURA 6.14	Tipos de pilares de madeira.	110
FIGURA 6.15	Uso de contraventamento para combater flambagem do pilar.	110
FIGURA 6.16	Estrutura de uma parede de madeira.	111
FIGURA 6.17	Reforços de estrutura de paredes de madeira contra cargas horizontais.	112
FIGURA 6.18	Detalhe de piso, vigota e barra superior de parede.	112
FIGURA 6.19	Tipos de vergas de portas e janelas de estrutura de parede de madeira.	113
FIGURA 6.20	Desenho de detalhe de interseção de paredes de madeira.	114
FIGURA 6.21	Desenho de detalhe de vedação de paredes com peças dispostas na vertical.	115
FIGURA 6.22	Desenho de detalhe de vedação de paredes com peças dispostas na horizontal.	116
FIGURA 6.23	Madeiras roliças unidas por entalhe.	116
FIGURA 6.24	Plantas baixas esquemáticas dos pavimentos com numeração das paredes.	117
FIGURA 6.25	Desenho de estrutura de parede de madeira cotado.	118
FIGURA 6.26	Desenho de detalhes de verga e interseção de paredes.	119
FIGURA 6.27	Desenho de corte da disposição de vigotas de um pavimento.	120
FIGURA 6.28	Desenho de vista superior da disposição de vigotas dos pavimentos de uma casa.	120
FIGURA 6.29	Desenhos de planta de cobertura e de estrutura do telhado.	121
FIGURA 6.30	Desenho de detalhe de vedação de parede de uma casa.	122
FIGURA 6.31	Desenho de fachada frontal de uma casa de madeira.	123
FIGURA 6.32	Desenho de fachada lateral de uma casa de madeira.	124
FIGURA 6.33	Desenho de fachada posterior de uma casa de madeira.	125
FIGURA 6.34	Disposição dos desenhos de estrutura de madeira de uma casa em prancha.	127
FIGURA 7.1	Elementos principais de estrutura metálica.	133
FIGURA 7.2	Barras e tubos metálicos.	134
FIGURA 7.3	Perfis metálicos.	134
FIGURA 7.4	Elementos de um rebite.	135
FIGURA 7.5	Tipos de rebite.	135
FIGURA 7.6	Tipos de parafuso.	136
FIGURA 7.7	Furos em vista frontal e lateral para ligação de dois perfis angulares numa chapa.	137
FIGURA 7.8	Exemplo de estrutura a ser rebitada ou aparafusada.	138
FIGURA 7.9	Cotagem de estrutura a ser rebitada ou aparafusada.	139
FIGURA 7.10	Exemplos de cotagem de posição de furos.	140
FIGURA 7.11	Planta de estrutura metálica do primeiro pavimento de uma casa.	142
FIGURA 7.12	Planta de estrutura metálica do segundo pavimento de uma casa.	143
FIGURA 7.13	Exemplos de desenho de detalhe de apoio de pilar em piso.	145
FIGURA 7.14	Exemplos de desenho de detalhe de transpasse de pilares.	146
FIGURA 7.15	Exemplos de desenho de detalhe de seis casos de ligação de pilares com viga.	147
FIGURA 7.16	Exemplos de ligação de viga com viga.	148
FIGURA 7.17	Exemplo de ligação de viga com viga para rampa ou escada.	149
FIGURA 7.18	Exemplos de engaste de viga metálica em estrutura de concreto.	149
FIGURA 7.19	Exemplos de tirante instalado em perfil metálico.	150

FIGURA 7.20	Distribuição dos desenhos de estrutura metálica de uma casa em prancha.	151
FIGURA 8.1	Tipos de ligação de tubulação.	155
FIGURA 8.2	Classificação de tubulação.	156
FIGURA 8.3	Conexões que permitem mudanças de direção.	157
FIGURA 8.4	Conexões que fazem derivações em tubos.	157
FIGURA 8.5	Conexões que permitem mudanças de diâmetros em tubos.	157
FIGURA 8.6	Conexões que ligam tubos entre si.	158
FIGURA 8.7	Conexões que fazem o fechamento da extremidade da tubulação.	158
FIGURA 8.8	Tipos de válvula.	159
FIGURA 8.9	Cotagem de tubulação.	163
FIGURA 8.10	Cotagem em vistas e desenho isométrico de tubulação.	164
FIGURA 8.11	Anotação de coluna de hidráulica.	165
FIGURA 9.1	Esquema vertical de água fria de prédio residencial multifamiliar com hidrômetro coletivo.	170
FIGURA 9.2	Esquema vertical de água fria de prédio residencial multifamiliar com hidrômetros individuais.	171
FIGURA 9.3	Esquema vertical de água fria e água quente de uma casa de dois pavimentos.	172
FIGURA 9.4	Planta de instalações de água fria e água quente do primeiro pavimento de uma casa.	173
FIGURA 9.5	Planta de instalações de água fria e água quente do segundo pavimento de uma casa.	174
FIGURA 9.6	Planta de instalações de água fria do sótão de uma casa.	175
FIGURA 9.7	Desenho de detalhes de instalações de água fria e água quente de uma casa.	177
FIGURA 9.8	Organização dos desenhos de instalações de água fria e água quente de uma casa.	179
FIGURA 10.1	Esquema vertical de esgoto e águas pluviais de prédio residencial multifamiliar.	184
FIGURA 10.2	Esquema vertical de esgoto e águas pluviais de uma casa de dois pavimentos.	185
FIGURA 10.3	Planta de instalações de esgoto e águas pluviais do primeiro pavimento de uma casa.	186
FIGURA 10.4	Planta de instalações de esgoto e águas pluviais do segundo pavimento de uma casa.	187
FIGURA 10.5	Desenhos isométricos de ramais e sub-ramais de esgoto do primeiro pavimento de uma casa.	188
FIGURA 10.6	Desenhos isométricos de ramais e sub-ramais de esgoto do segundo pavimento de uma casa.	189
FIGURA 10.7	Desenho de detalhe de instalações de ramal externo de águas pluviais de uma casa.	192
FIGURA 10.8	Organização dos desenhos de esgoto e águas pluviais de uma casa em prancha.	193
FIGURA 10.9	Modelo de legenda da CEDAE para prancha de desenhos de instalações de esgoto.	194
FIGURA 11.1	Esquema vertical de gás de prédio residencial multifamiliar.	197
FIGURA 11.2	Esquema vertical de gás de uma casa de dois pavimentos.	198
FIGURA 11.3	Planta de instalações de gás do primeiro pavimento de uma casa.	199
FIGURA 11.4	Desenho isométrico de instalações de gás de uma casa.	200
FIGURA 11.5	Organização dos desenhos de gás de uma casa em prancha.	203
FIGURA 11.6	Modelo de legenda da CEG para prancha de desenhos de instalações de gás.	204

FIGURA 12.1 Corte de gerador bipolar e eixo de quatro polos. 207
FIGURA 12.2 Curvas senoides de corrente alternada defasadas de 120° entre si. 208
FIGURA 12.3 Esquema de geração e transmissão de energia elétrica. 208
FIGURA 12.4 Esquema de transmissão de energia elétrica nas cidades. 209
FIGURA 12.5 Ligação aérea de energia elétrica de uma casa. 210
FIGURA 12.6 Centro de luz e interruptor de uma seção. 212
FIGURA 12.7 Centro de luz e interruptor de duas seções. 212
FIGURA 12.8 Dois centros de luz e interruptor de duas seções. 212
FIGURA 12.9 Centro de luz e dois interruptores paralelos ("three-way"). 212
FIGURA 12.10 Centro de luz, dois interruptores paralelos ("three-way") e um interruptor "four-way". 213
FIGURA 12.11 Tomada tirada de outra caixa de passagem. 213
FIGURA 12.12 Tomada tirada de interruptor. 213
FIGURA 12.13 Campainha. 214
FIGURA 12.14 Bomba de recalque. 214
FIGURA 12.15 Esquema vertical de instalação elétrica de prédio residencial multifamiliar. 217
FIGURA 12.16 Esquema vertical de instalação elétrica de uma casa. 218
FIGURA 12.17 Planta de instalação elétrica do primeiro pavimento de uma casa. 219
FIGURA 12.18 Planta de instalação elétrica do segundo pavimento de uma casa. 220
FIGURA 12.19 Planta de instalação elétrica do sótão de uma casa. 221
FIGURA 12.20 Diagrama unifilar de instalação elétrica de uma casa. 222
FIGURA 12.21 Diagramas trifilares dos quadros de luz de uma casa. 223
FIGURA 12.22 Organização dos desenhos de instalação elétrica de uma casa em prancha. 225

Tabelas

TABELA 4.1 Cobrimento de uma armação 67
TABELA 4.2 Comprimentos de ganchos e de emenda 68
TABELA 4.3 Comprimentos de barras de aço de laje 69
TABELA 4.4 Exemplo de tabelas de armação 76
TABELA 7.1 Representação de vista frontal do furo 136
TABELA 7.2 Representação de vista lateral do furo 137
TABELA 7.3 Componentes metálicos da estrutura de uma casa 144
TABELA 8.1 Símbolos gráficos para desenho de tubulação 161
TABELA 9.1 Pesos dos aparelhos e pré-dimensionamento das tubulações 178
TABELA 10.1 Peso dos aparelhos e respectivos diâmetros dos sub-ramais de esgoto 190
TABELA 10.2 Soma dos pesos dos aparelhos e respectivos diâmetros dos ramais e colunas de esgoto 190
TABELA 10.3 Declividade da tubulação de esgoto com relação ao diâmetro 191
TABELA 10.4 Determinação dos diâmetros das calhas e colunas de águas pluviais 191
TABELA 11.1 Consumo dos aparelhos 201
TABELA 11.2 Determinação da tubulação de gás baseada no consumo 201
TABELA 11.3 Determinação de fator de diversificação relativo ao consumo de gás 202
TABELA 12.1 Simbologia para desenho de instalações elétricas prediais 211
TABELA 12.2 Tipos de quadro de luz com circuitos monofásicos 214
TABELA 12.3 Carga dos pontos de luz com relação à área 215
TABELA 12.4 Quantidade de tomada por compartimento 215
TABELA 12.5 Altura das tomadas 215
TABELA 12.6 Tomadas de uso comum e de uso específico 216
TABELA 12.7 Quadros de carga da instalação elétrica de uma casa 223

CAPÍTULO

1

Introdução ao Desenho Técnico de Projeto de Edifícios

Basicamente, o projeto de um prédio é composto por jogos de plantas de terreno, arquitetura, estrutura e instalações hidráulicas e elétricas. Esses desenhos são de responsabilidade do engenheiro civil e do arquiteto, pois ambos devem ser capacitados para desenhá-los e interpretá-los corretamente. Além disso, há também o jogo de plantas do sistema contra incêndio e pânico que inclui a sinalização das rotas de fuga e posicionamento dos equipamentos de combate de incêndio.

Existem outros jogos de plantas que são desenvolvidos por outros engenheiros, como é o caso das instalações especiais. O sistema de proteção contra descarga atmosférica e as instalações de uma subestação elétrica abaixadora de tensão de um edifício devem ser desenhados por um engenheiro eletricista. Já os desenhos do jogo de plantas de sistema de elevadores, ar-condicionado central, ventilação mecânica (exaustão e insuflamento) são de responsabilidade do engenheiro mecânico. Dependendo da função do prédio, podem ser incluídos os jogos de plantas de central de água quente, rede de gases medicinais, entre outros.

Os projetos de edifícios podem ser obras de nova construção, modificação (com acréscimo ou decréscimo) e reforma ou serviços de reparação ou de instalação. Para quem lida com a Lei 8.666, é importante distinguir obra de serviço, pois a verba vem carimbada especificamente para uma dessas modalidades.

Os desenhos são desenvolvidos e detalhados ao longo das fases do projeto que são: programa de necessidades, estudo preliminar, anteprojeto, projeto básico, projeto executivo e projeto "as built". A norma técnica NBR 13.531 de 1995 da ABNT apresenta cada uma dessas fases, indicando os desenhos e os documentos de cada uma.

O programa de necessidades é a fase mais importante de um projeto de edifício, pois o sucesso do empreendimento depende dele. Nesta fase, é feita pesquisa de mercado e consulta ao código de obras do município para saber, por exemplo, que tipo de terreno comprar e que tipo de edifício construir. Para isso, também é preciso saber sobre a infraestrutura urbana e as facilidades do entorno, por exemplo, acesso, segurança, comércio e lazer. Às vezes existe um cliente com um terreno querendo construir uma casa e, neste caso, é preciso saber sobre suas necessidades e o quanto está disposto a gastar.

Definido o terreno, são feitos os primeiros esboços de arquitetura e o estudo de massa (forma do edifício), identificando o padrão da construção (baixo, médio, alto ou alto-luxo) e a tecnologia mais apropriada para a estrutura e as instalações prediais, estimando custo, início e duração do projeto e da obra. Isso faz parte do estudo de viabilidade técnico-econômica que pertence ao programa de necessidades. Os desenhos dos jogos de planta começarão a ser feitos somente após o programa de necessidades estar concluído.

No estudo preliminar, é feita a tentativa de viabilização do partido arquitetônico proposto, adequando-o à legislação (Código de Obras, normas de concessionárias de serviço público e do Corpo de Bombeiros, entre outras) e às condições de contorno (declividade e tipo de terreno, posição do sol, entre outras).

Os desenhos de arquitetura, estrutura e instalações prediais devem ser desenvolvidos em conjunto desde o estudo preliminar para facilitar a compatibilização entre essas disciplinas de projeto. Avançar fases com o desenvolvimento e detalhamento dos desenhos de arquitetura para depois compatibilizar com estruturas e instalações prediais normalmente demanda mais trabalho, esforço e tempo gasto em refazer os desenhos. Portanto, os lançamentos da estrutura, das colunas hidráulicas e dos eletrodutos verticais devem ser feitos no estudo preliminar, quando estão sendo definidas na planta baixa de arquitetura as localizações dos aparelhos hidráulicos e equipamentos elétricos, além dos vãos (*shafts*) para as passagens de cada instalação predial.

Concluída a viabilização do partido arquitetônico e aprovado o estudo preliminar, passa-se à etapa de anteprojeto que consiste em desenvolver os desenhos de arquitetura com base no dimensionamento da estrutura e das instalações prediais. Nesta etapa, são elaboradas as plantas de estrutura, as plantas de hidráulica com ramais, sub-ramais e esquemas verticais de hidráulica, e as plantas de elétrica com os diagramas unifilares indicando os circuitos e as posições de tomadas, interruptores e centros de luz, quadro de cargas, diagramas trifilares e esquema vertical de elétrica.

A etapa de projeto básico se aplica aos casos de licitação pública, na qual são apresentados os mesmos desenhos do anteprojeto, podendo necessitar de plantas de detalhes em alguns casos. O projeto deve acompanhar especificação técnica e orçamento de todos os itens necessários para a obra.

O projeto executivo possui os mesmos desenhos do anteprojeto como também os desenhos de detalhes construtivos de arquitetura, estrutura e instalações prediais. Os desenhos do projeto executivo, devidamente revisados, serão levados para o canteiro de obra.

Em quase toda obra, alguns elementos do projeto são alterados de modo a facilitar ou viabilizar a construção. Essas alterações devem ser anotadas para atualizar os desenhos de arquitetura, compondo o projeto "as built", ou seja, "como foi construído". Esse projeto será importante para a manutenção predial.

Os desenhos de cada disciplina do projeto são agrupados em uma ou mais pranchas, formando o jogo de plantas. As pranchas possuem margens, legenda e sua forma de dobrar. Os desenhos de diferentes disciplinas possuem algumas características em comum, como padrão de espessura e tipo de linha, tamanho de fonte, anotações e hachura em comum, como será visto a seguir.

1.1 Pranchas

As pranchas usadas para os projetos de prédios são em tamanho de papel da série A do padrão estabelecido pela norma internacional ISO 216 de 1975, com as seguintes dimensões:

A0: 1189 mm x 841 mm
A1: 841 mm x 594 mm
A2: 594 mm x 420 mm
A3: 420 mm x 297 mm

A razão entre as dimensões de um papel tipo A é raiz quadrada de 2. O papel A0 é o dobro do papel A1, que é o dobro do papel A2, e assim por diante.

É possível usar papel A estendido, que conserva a dimensão vertical e amplia a horizontal. Por exemplo, pode-se ter um papel A3 estendido de 600 mm x 297 mm.

Existem outros papéis tipo A maiores que o A0 que raramente são usados para projeto de edifícios, como o 2A0 (1682 mm x 1189 mm) e o 4A0 (2378 mm x 1682 mm). O papel A4 é usado para outros documentos do projeto, tais como caderno de especificações técnicas, planilhas de custos, memória de cálculo, termos de referência, entre outros.

1.1.1 *Margens*

A norma técnica NBR 10.068 de 1987 da ABNT estabelece a margem esquerda do papel da série A como sendo de 25 mm para ser perfurada no uso do arquivamento. Para a margem direita, esta norma estabelece 10 mm para o A0 e o A1 e 7 mm para o A2 e o A3.

Segundo a NBR 10.068, as espessuras de linha do quadrado definido pelas margens são 1,4 mm para o A0, 1,0 mm para o A1 e 0,5 mm para o A2 e o A4.

1.1.2 *Legenda*

As informações mínimas de uma legenda são:

- título do projeto (tipo e localização da obra); e
- indicação do autor do projeto, responsável técnico pela obra e proprietário.

O tamanho e as informações das legendas de projeto de edifícios variam conforme o órgão em que ele for apresentado. Ele difere do estabelecido pela NBR 10.068. Nos capítulos seguintes, serão mostrados alguns exemplos de legenda.

1.1.3 *Dobragem*

A norma técnica NBR 13.142 de 1999 da ABNT estabelece a forma de dobragem do papel da série A. Ao final da dobragem o formato ficará igual ao tamanho de um papel A4.

A primeira dobra é vertical e a 185 mm de distância da extremidade direita do papel. São feitas dobras verticais conforme o tamanho do papel.

Após a dobragem vertical, é feita uma dobra inclinada para trás no canto superior esquerdo. Essa dobra é importante para que a planta arquivada não tenha que ser retirada do processo com as outras páginas da frente para ser aberta.

A primeira dobra horizontal é de 297 mm de distância da extremidade inferior do papel.

Observações:

- Tanto a dobra inclinada como a horizontal não existem no A3, pois ele possui 297 mm na sua maior dimensão.
- A última dobra do A0 e do A1 dista 210 mm da extremidade esquerda do papel.

Convém fazer a marcação das dobras do papel para facilitar a dobragem. As figuras a seguir mostram as marcas das dobras dos papéis.

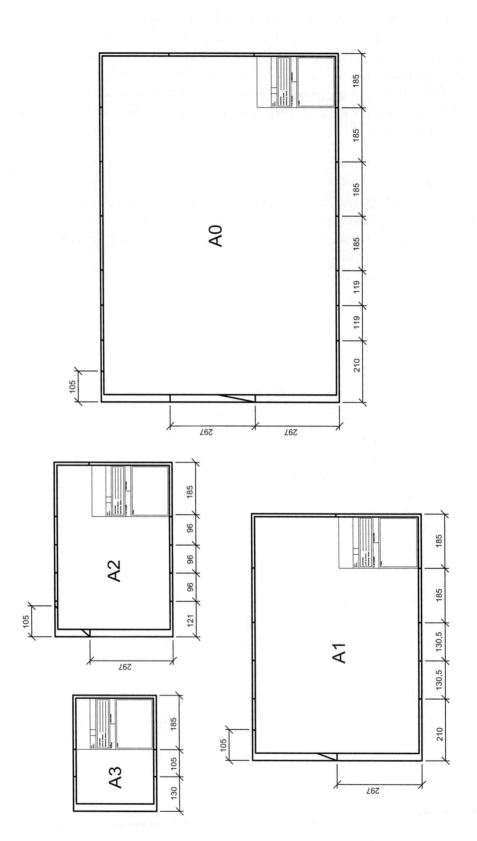

FIGURA 1.1 Dobras de papel tipo A.
Fonte: Acervo do autor.

1.2 Escalas e distribuição dos desenhos em prancha

As escalas dos desenhos dependem da sua quantidade de detalhes, da fase de projeto e do objetivo da apresentação. Desenhos de detalhes, por exemplo, necessitam de escalas amplas como 1:5, 1:10 e 1:20. Já a planta de cobertura de uma casa, por não apresentar muitos detalhes, pode ser apresentada com escala de 1:100, 1:200 ou 1:250, dependendo do caso. A planta baixa de um pavimento, conforme veremos adiante, pode ser de 1:50 ou 1:100, conforme a fase do projeto. A escala de 1:75 somente é usada para desenhos de apresentações, jamais para projetos.

Tendo definidas as escalas dos desenhos, verifica-se quais os desenhos que podem ser agrupados e qual a prancha mais adequada para que caibam sem ficarem muito afastados ou próximos demais.

1.3 Espessuras de linha

As espessuras de linha dependem da escala usada.

O desenho técnico de edifícios apresenta a seguinte classificação para espessuras de linha para desenhos em escala de 1:50, por exemplo:

- extrafina: 0,1 mm
- fina: 0,2 mm
- média: 0,4 mm
- grossa: 0,6 mm
- extragrossa: 1,0 mm

Se o mesmo desenho for reduzido para uma escala de 1:100, as espessuras dessas linhas também deverão ser reduzidas proporcionalmente, para que o desenho não fique saturado por causa do nível de detalhes e informações contidos nele.

1.4 Tipos de linha

Os tipos de linha indicam se um objeto está sendo visto, cortado ou projetado. Há também linhas que indicam um plano de corte, um eixo de simetria ou a interrupção de um desenho. A Figura 1.2 apresenta os tipos mais comuns em desenhos de projeto de edifícios.

Tipo de linha	Espessura
- linha contínua média: parede vista	0,4 mm
- linha de eixo (extragrossa): plano de corte	1,0 mm
- linha contínua fina: extensão e linha de cota	0,2 mm
- linha tracejada fina: situadas além do plano do desenho	0,2 mm
- linha traço dois pontos fina: projeção de lajes	0,2 mm
- linha traço longo e ponto fina: linha de eixo de simetria	0,2 mm
- linha contínua extrafina: linha auxiliar (de construção)	0,1 mm
- linha contínua fina de ruptura: linha de interrupção de desenho	0,2 mm

FIGURA 1.2 Exemplos de tipos de linhas.

Fonte: Corrêa (2016) [1].

1.5 Tamanhos de fonte

O tamanho de fonte tem que ser suficiente para uma boa leitura da planta, principalmente no canteiro de obras. Ele depende da hierarquia de valores das informações contidas no desenho. Por exemplo, as cotas estão na menor hierarquia de um desenho, devem ser discretas para não saturar o desenho e, por isso, apresentam texto com fonte de altura igual a 2 mm.

Basicamente, os tamanhos de fonte são:

- pequena: texto 2 mm, régua 80 CL, pena 0,2 mm
- média: texto 2,5 mm, régua 100 CL, pena 0,3 mm
- grande: texto 3,5 mm, régua 140 CL, pena 0,4 mm
- muito grande: texto 4,5 mm, régua 175 CL, pena 0,8 mm

Pode haver o caso de se usar uma fonte muito pequena de 1,5 mm para algum texto que precise ser adicionado num espaço muito limitado devido a uma parte do desenho, mas isso deve ser evitado.

1.6 Anotações de desenho

As anotações de desenho, estabelecidas pela norma técnica NBR 6492 de 1994 da ABNT, são informações importantes sobre os desenhos. Cada anotação apresenta um símbolo com um texto informativo. A Figura 1.3 apresenta os principais tipos de anotações encontradas nas plantas de edifícios.

1.7 Hachuras de material

As hachuras de material ajudam a compor o desenho sem a necessidade de explicar textualmente do que é composto determinado objeto da planta. As hachuras de material podem ser de vista ou de corte do objeto. Os desenhos de hachura de material são estabelecidos pela norma técnica NBR 6492 de 1994 da ABNT. A Figura 1.4 mostra algumas das hachuras empregadas nos desenhos de edifícios.

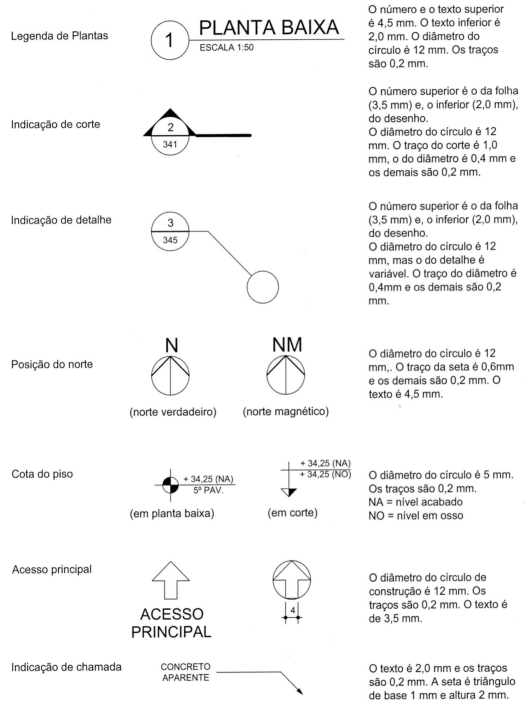

FIGURA 1.3 Anotações de desenho.

Fonte: Adaptação de NBR (1994).

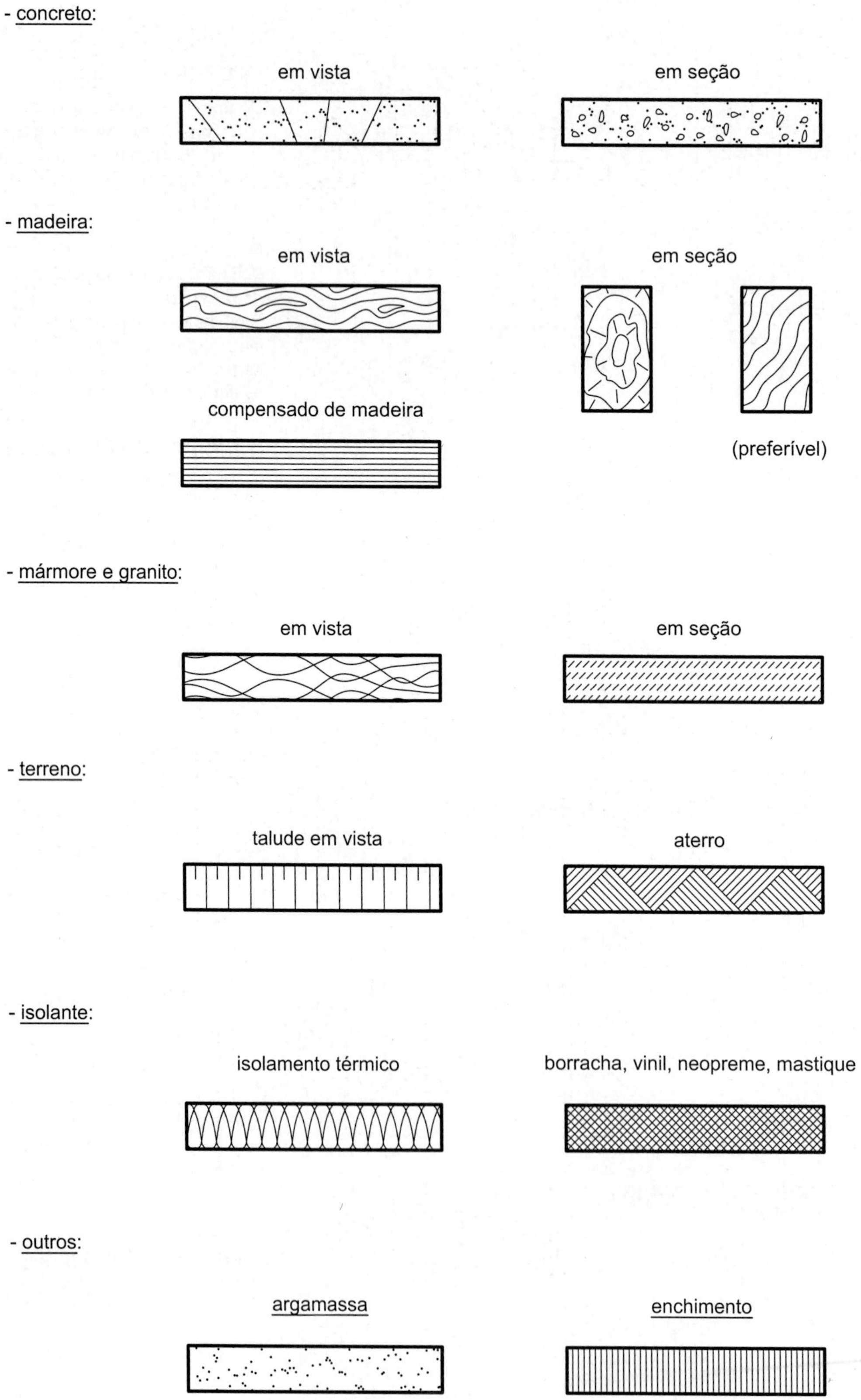

- concreto:

        em vista   em seção

- madeira:

        em vista   em seção

    compensado de madeira

                                                                             (preferível)

- mármore e granito:

        em vista   em seção

- terreno:

     talude em vista   aterro

- isolante:

   isolamento térmico   borracha, vinil, neopreme, mastique

- outros:

       argamassa   enchimento

FIGURA 1.4 Hachuras de material.

Fonte: Adaptação de NBR (1994).

CAPÍTULO

2

Desenhos de Terreno

2.1 Planta de localização

O desenho da planta de localização de um terreno para fins de escritura num cartório de registro de imóveis contém, basicamente, o logradouro, o perímetro do terreno, as curvas de nível, as latitudes e longitudes, indicação do sentido do norte verdadeiro ou do norte magnético.

A planta do terreno é anexada ao documento que contém a descrição do terreno conforme o levantamento topográfico. Essa planta servirá de base para os desenhos de projetos de terraplanagem e de construções de plataformas, rampas e taludes de corte e aterro.

Há terrenos que possuem mais de um logradouro, como terrenos de esquina. Assim, todos os logradouros que fizerem parte do contorno do terreno deverão estar representados no desenho.

No desenho do perímetro devem estar indicados os marcos relativos aos pontos medidos no levantamento topográfico. Normalmente, os marcos são localizados nos vértices do polígono que representa o perímetro do terreno.

Para se localizar o terreno em planta, pode-se usar um marco inicial externo que indica a posição de um poste ou outro elemento pertencente ao logradouro e referenciá-lo a um dos marcos do perímetro do terreno. Atualmente, é possível localizar o terreno fornecendo uma das coordenadas geográficas de um marco de seu perímetro dadas por um aparelho de GPS (Global Positioning System).

As curvas de nível principais devem ter seus respectivos números de cota que são posicionados, preferencialmente, na extremidade do desenho. Da mesma forma, isso é feito para os números das latitudes e longitudes.

Caso haja cursos d'água como rios, estes devem ser indicados na planta do terreno, mesmo que seja em alguns trechos comuns ao perímetro do terreno.

Características do desenho de planta de localização:

- linha grossa para logradouros e perímetro do terreno
- linha média para curvas de nível principais
- linha média para margens de cursos d'água, exceto em perímetro do terreno
- linha fina para curvas de nível secundárias
- linha fina para latitudes e longitudes
- número da cota da curva de nível principal com fonte de tamanho 2 mm
- números das latitudes e longitudes com fonte de tamanho 2 mm
- nome do logradouro em letras maiúsculas com fonte de tamanho 3,5 mm
- escala em 1:100, 1:200, 1:500, 1:1.000 ou 1:2.000, dependendo do tamanho do terreno

CAPÍTULO 2 Desenhos de Terreno

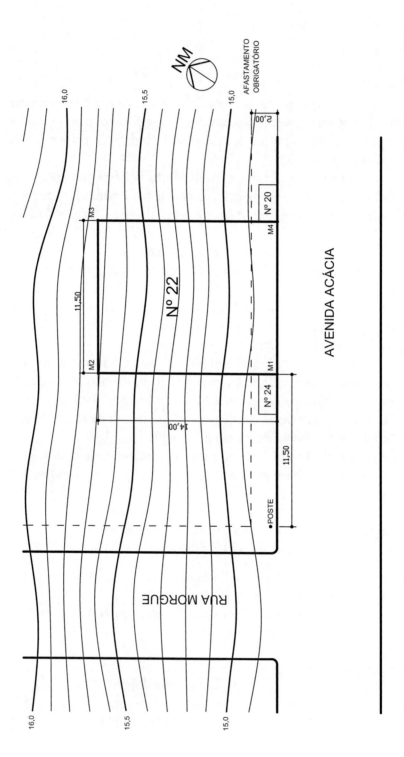

FIGURA 2.1 Planta de localização do terreno com curvas de nível.

Fonte: Acervo do autor.

A descrição periférica de área que tem a planta de localização do terreno acima como anexo, supondo que o norte magnético é igual ao norte verdadeiro, é a seguinte:

MEMORIAL DESCRITIVO

RELATÓRIO: DESCRIÇÃO PERIFÉRICA DE ÁREA

PROPRIETÁRIO: ESTÉFANO PERCY HENRIQUES

LOCAL: AVENIDA DAS ACÁCIAS, Nº 22, BAIRRO DOS INGLESES
MUNICÍPIO DO RIO DE JANEIRO
ESTADO DO RIO DE JANEIRO

ÁREA TOTAL: 161,00 m²

DIVISAS E CONFRONTAÇÕES:

Começa no marco M1, localizado na lateral direita da FAIXA DE DOMÍNIO DA AVENIDA ACÁCIA, a 11,50 do poste localizado próximo à esquina da RUA MORGUE. Daí deflete à esquerda com rumo de 32°00'00" noroeste e segue em reta com distância de 14,00 metros até o marco M2. Daí deflete à direita com rumo de 58°00'00" nordeste e segue em reta com distância de 11,50 metros até o marco M3. Daí deflete à direita com rumo de 32°00'00" sudeste e segue em reta com distância de 14,00 metros até o marco M4. Daí deflete à direita com rumo de 58°00'00" sudoeste e segue em reta com distância de 11,50 metros até o marco M1 - início desta descrição perimétrica - e perfazendo a área de 161,00 m².

Rio de Janeiro, 22 de março de 1982

_____
Proprietário

_____
Responsável Técnico

2.2 Perfis longitudinal e transversal

O traço de um perfil longitudinal em planta é aquele que se situa ao longo de um eixo, por exemplo, de uma estrada. Os perfis transversais serão perpendiculares ao perfil longitudinal. No caso de um terreno para a construção de um prédio, o traço do perfil longitudinal será em linha reta e sempre mais longo que um perfil transversal.

Os desenhos dos perfis longitudinais e transversais têm como objetivo encontrar a melhor posição da plataforma e de suas rampas de acesso de forma a minimizar os custos com transporte e movimentação de terra devido a cortes e aterros a serem feitos, bem como tentar evitar obras de estabilização de terreno que encarecerão o empreendimento.

Para se desenhar um perfil do terreno, deve-se fazer um traço com linha grossa na planta do terreno, de modo que um desenho só do perfil seja o mais representativo possível para se identificar a melhor cota para a plataforma. Se apenas um perfil não bastar, pode-se desenhar tantos outros perfis que forem suficientes para se ter uma boa solução para a localização da plataforma.

Características do desenho de perfil de terreno antes da construção da plataforma:

- linha grossa para os eixos horizontal e vertical
- linha grossa para linha do perfil do terreno
- linha fina para paralelas ao eixo horizontal
- graduação do eixo horizontal com as cotas com fonte de tamanho 2 mm
- indicação das escalas dos eixos com fonte de tamanho 2 mm

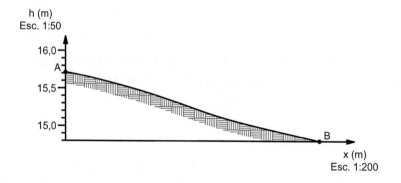

FIGURA 2.2 Desenho do perfil do terreno antes da construção da plataforma.

Fonte: Acervo do autor.

Características do desenho de perfil de terreno depois da construção da plataforma:

- linha grossa para os eixos horizontal e vertical
- linha grossa para linhas do perfil do terreno, taludes e plataforma
- linha fina para paralelas ao eixo horizontal
- graduação do eixo horizontal com as cotas com fonte de tamanho 2 mm
- indicação das escalas dos eixos com fonte de tamanho 2 mm
- a escala do eixo horizontal deve ser igual à da planta do terreno

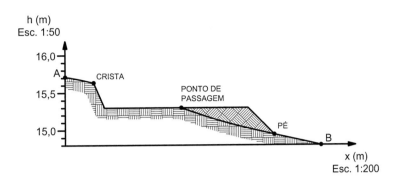

FIGURA 2.3 Desenho do perfil do terreno depois da construção da plataforma.

Fonte: Acervo do autor.

2.3 Planta de plataforma e rampa

Após a definição da localização e da cota da plataforma, usando a planta do terreno, desenha-se ela e as rampas de acesso em planta, incluindo a linha dos "off-sets" que é a interseção entre os declives do terreno e os taludes de corte e aterro. No caso de existirem obras de estabilização de terreno, estas serão indicadas em planta.

Características do desenho de planta de plataforma e rampa:

- as mesmas do desenho de terreno
- linha média para o perímetro da plataforma e das rampas de acesso
- linha média para a linha dos "off-sets"
- linha fina para as linhas horizontais dos taludes de corte e aterro que concordam com as respectivas curvas de nível principais
- desenhos de eventuais obras de estabilização de terreno em linha média.

CAPÍTULO 2 Desenhos de Terreno

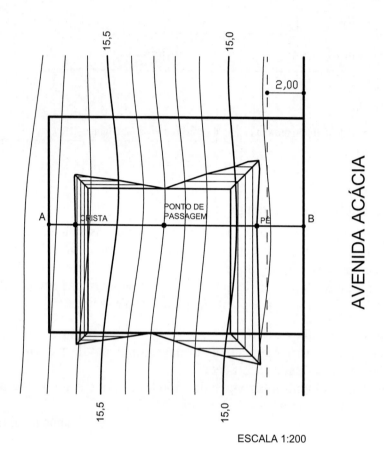

FIGURA 2.4 Plataforma com taludes de corte e aterro.
Fonte: Acervo do autor.

Nesse exemplo, os taludes laterais esquerdos de corte e aterro estão invadindo o terreno vizinho. Isso significa que será necessário construir muros de arrimo na lateral esquerda do terreno para não ter que fazer esses taludes. O mesmo deve ser feito para a construção da rampa e outra plataforma junto à lateral direita do terreno, resultando na solução apresentada na Figura 2.5.

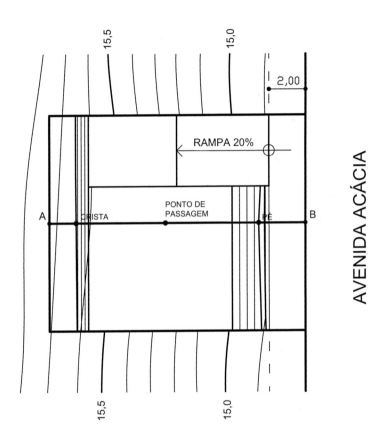

FIGURA 2.5 Plataforma com rampa e taludes de corte e aterro.

Fonte: Acervo do autor.

20 CAPÍTULO 2 Desenhos de Terreno

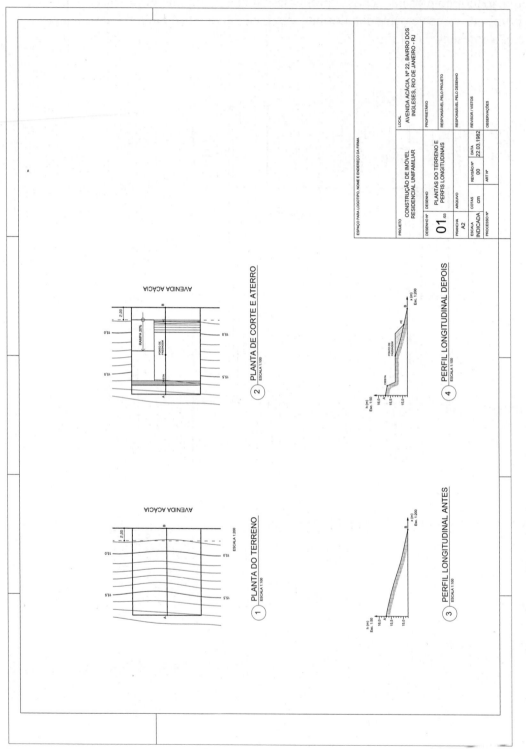

FIGURA 2.6 Organização dos desenhos de terreno em prancha.

Fonte: Acervo do autor.

2.4 Organização dos desenhos de terreno em prancha

A planta de localização do terreno deve estar com o traço do perfil longitudinal e acompanhada do desenho deste antes da construção da plataforma. A planta que contém os taludes de corte e aterro, plataforma e rampa deve estar acompanhada do perfil longitudinal com a construção da plataforma. É possível juntar os quatro desenhos numa mesma prancha.

Para documentação junto ao Ofício de Registro de Imóveis ou outra repartição, a planta de localização do terreno deve estar atualizada, no caso de terem sido construídas plataformas, rampas ou taludes. Neste caso, não são necessários os desenhos dos perfis longitudinais do terreno.

CAPÍTULO

3

Desenho de Arquitetura

Os desenhos de arquitetura servem para representar as formas e as disposições dos espaços de um edifício, atribuindo a eles as informações necessárias para o que será construído ou modificado.

O jogo de plantas de arquitetura de um prédio é composto de planta de situação, fachadas, plantas baixas dos pavimentos, cortes longitudinal e transversal e planta de cobertura. Esse jogo de plantas é exigido pela Divisão de Edificações do município para dar entrada num processo de licença para construir ou realizar uma obra de modificação com acréscimo, como também para legalização de imóvel.

As escalas da planta de situação e da planta de cobertura variam conforme o tamanho do terreno e do prédio, respectivamente.

As escalas dos desenhos de fachadas, plantas baixas dos pavimentos, cortes longitudinal e transversal dependem da fase do projeto. No estudo preliminar, no anteprojeto e no projeto básico, pode-se usar escala 1:50 e 1:100. A escala no projeto executivo é 1:50.

Os desenhos de detalhes apresentam escalas ampliadas, tais como 1:1, 1:2, 1:5, 1:10, 1:20 e 1:25. A ampliação vai depender da quantidade de informações do desenho para que este não fique tão denso a ponto de prejudicar a leitura e interpretação dele.

A unidade das cotas de desenho de arquitetura é o metro, com números de duas casas decimais.

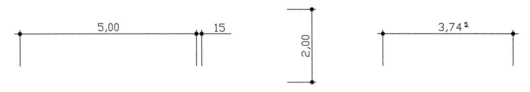

FIGURA 3.1 Cotas em desenho de arquitetura.

Fonte: Corrêa (2016) [1].

3.1 Planta de situação

A planta de situação de um prédio é o desenho que contém o logradouro, os perímetros do terreno e da área ocupada pelo prédio, além de indicações do plano de alinhamento, número do imóvel e de seus vizinhos, sentido do norte verdadeiro ou norte magnético, dimensões do terreno, da área ocupada e dos afastamentos da área ocupada pelo prédio em relação ao terreno.

O desenho da planta de situação vem acompanhado de um quadro de informações que contém as áreas do terreno, ocupada e construída, além das taxas de ocupação e de construção. A área ocupada é dada pela projeção dos pavimentos do prédio na área do terreno. A área construída é a soma das áreas dos pavimentos dos prédios. Para calcular a taxa de ocupação, divide-se a área ocupada pela área do terreno. Da mesma forma, para calcular a taxa de construção, divide-se a área construída pela área do terreno. Os resultados dos cálculos das taxas devem ser apresentados em porcentagem no quadro de informações.

Os afastamentos mínimos da área ocupada em relação ao perímetro do terreno e as taxas máximas de ocupação e construção são estabelecidos pelo Código de Obras do Município para cada logradouro ou quarteirão. O plano de alinhamento (P.A.) é um afastamento frontal mínimo obrigatório definido para um futuro alargamento do logradouro. Os afastamentos laterais e de fundos dependem da altura do prédio para ventilar as dependências ou ventilar e iluminar os cômodos do primeiro andar que possuem janelas nas fachadas laterais ou de fundos. Em alguns casos, não é permitido construir o prédio encostado na divisa, sendo um afastamento lateral ou de fundos mínimo obrigatório.

A planta de situação deve estar contida na prancha número 1, separada dos demais desenhos de arquitetura.

Características do desenho de planta de situação:

- linha grossa para logradouros e perímetros do terreno e da área ocupada
- linha fina para hachura da área ocupada
- linha fina para cotas
- linha fina para o quadro de áreas e taxas
- informações do quadro de áreas e taxas com fonte de tamanho 2 mm
- número da cota com fonte de tamanho 2 mm
- número do imóvel com fonte de tamanho 4,5 mm
- números dos imóveis vizinhos com fonte de tamanho 2,5 mm
- nome do logradouro em letras maiúsculas com fonte de tamanho 3,5 mm
- cotas dos menores afastamentos do prédio em relação ao limite do terreno alinhadas com as das dimensões principais do prédio
- escala em 1:100, 1:200, 1:500, 1:1.000 ou 1:2.000, dependendo do tamanho do terreno

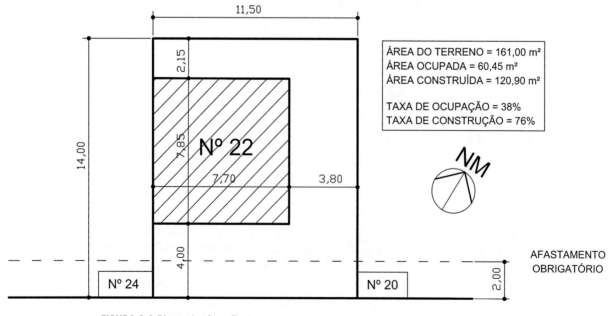

FIGURA 3.2 Planta de situação de uma casa.

Fonte: Corrêa (2016) [1].

3.2 Fachada

A fachada é uma vista ortográfica, podendo ser frontal, lateral ou de fundos do prédio. Portanto, somente é considerando aquilo que é visto.

Na apresentação de um projeto para licença de obra ou legalização, devem ser apresentados pelo menos dois desenhos de fachada: a principal (frontal) e uma lateral de preferência.

A fachada principal deve estar contida na prancha número 2, mas é possível juntar os outros desenhos de fachada nessa mesma prancha. Também é facultativo juntar as plantas baixas na prancha número 2, porém elas deverão estar acompanhadas dos desenhos de cortes longitudinal e transversal e da planta de cobertura. É comum juntar todos esses desenhos numa mesma prancha quando as dimensões do prédio permitem, como os desenhos de uma casa numa prancha A0, por exemplo.

Sendo uma vista, os contornos principais das fachadas são apresentados com linha média e os detalhes em linhas finas para não saturar o desenho ou descaracterizar os elementos principais. É possível usar linhas finas para os contornos principais de uma parte da fachada que esteja recuada.

Não se cota fachada, nem são representadas pessoas, árvores, veículos ou outros elementos desse tipo que não pertençam à fachada, mas é permitido representar jardineiras com plantas. Fachadas humanizadas com desenhos de árvores, veículos ou outros elementos desse tipo só servem de apresentação para clientes. Não se deve desdobrar uma única fachada em várias plantas (cada fachada tem uma planta).

Normalmente, as fachadas são denominadas conforme a vista (principal, posterior, direita, esquerda), mas também podem ser com relação à posição geográfica (norte, sul, leste, oeste) ou ao logradouro (rua "A", rua "B", rua "C", rua "D").

Características do desenho de fachada:

- linha grossa para o traço do nível do terreno
- linha média para contornos principais e de portas e janelas
- linha fina para desenhos de detalhe de portas, janelas, revestimentos e outros
- linha fina para contornos principais de parte recuada da fachada.
- escala em 1:50

CAPÍTULO 3 Desenho de Arquitetura

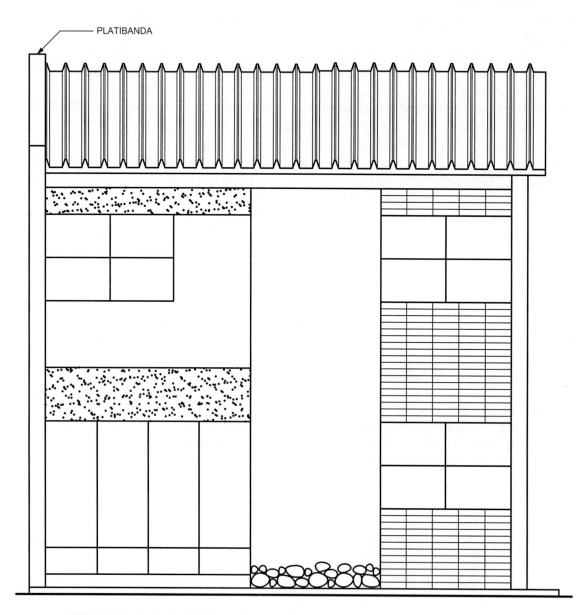

FIGURA 3.3 Fachada principal (frontal) de uma casa.

Fonte: Corrêa (2016) [1].

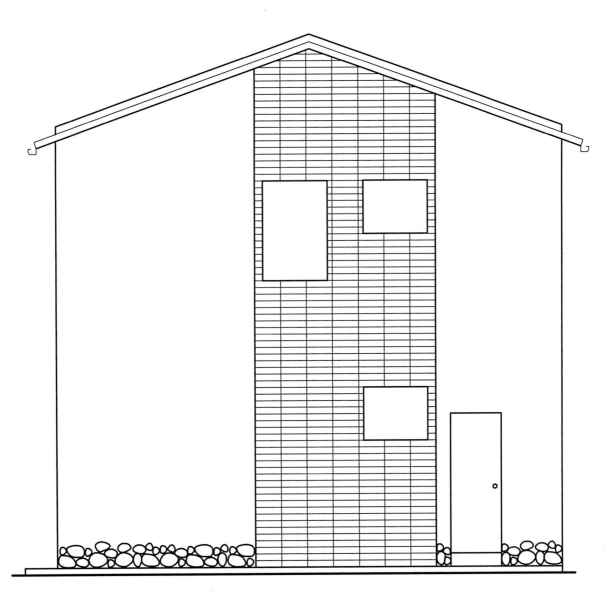

FIGURA 3.4 Fachada lateral de uma casa.

Fonte: Corrêa (2016) [1].

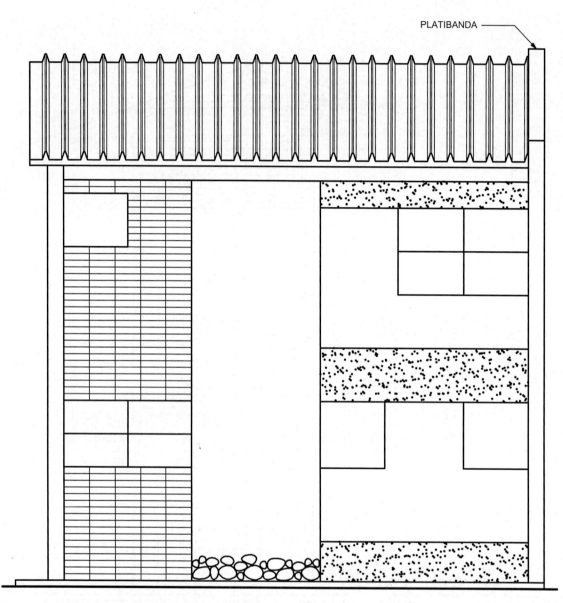

FIGURA 3.5 Fachada posterior de uma casa.
Fonte: Corrêa (2016) [1].

3.3 Planta baixa

A planta baixa de um pavimento é um corte feito por um plano horizontal na altura entre 1,00 m e 1,50 m em relação ao nível do piso, visto de cima.

Essa planta contém desenhos de paredes, portas, janelas, aparelhos sanitários e outros (fogão, geladeira, máquina de lavar roupa), bancadas e representação de pisos frios. Dependendo do caso, pode apresentar desenhos de rampa, escada, fosso com elevador, jardineiras, desnível de piso, projeção de lajes e beirais, caixas de incêndio, lixeira, entre outros.

As paredes cortadas são representadas com duas linhas grossas em escalas menores ou igual a 1:50. Nessas escalas, é comum representar as paredes internas com 15 cm de espessura e as externas com 25 cm de espessura, considerando a dimensão do tijolo como 10 cm em pé e 20 cm deitado, respectivamente, e as espessuras de revestimento com 2,5 cm de espessura de cada lado da parede, para efeito de desenho de estudo preliminar e até projeto básico. Em projeto executivo, essas dimensões são menos exageradas, haja vista que uma parede interna de tijolo e revestimento possui 13 cm de espessura, normalmente. Porém, nada impede que se faça o desenho de parede interna em estudo preliminar com essa dimensão.

Na escala de 1:50, também é possível representar a parede cortada com outras linhas que indicam a espessura de revestimento. Em escalas de desenho de detalhe (1:20 e 1:10), as paredes cortadas também são representadas assim.

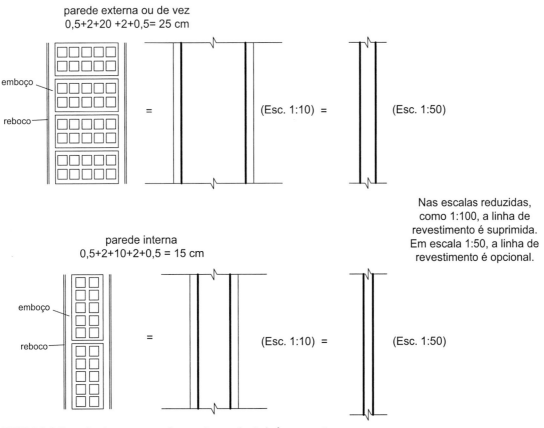

FIGURA 3.6 Desenho de espessura de parede em planta baixa ou corte.

Fonte: Corrêa (2016) [1].

Há também a representação de paredes cortadas que não tem a altura do pé-direito, ou seja, não chegam até o teto. A diferença de alturas das paredes é simbolizada com um traço em linha grossa que as separa.

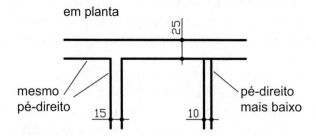

FIGURA 3.7 Desenho de paredes de alturas diferentes.
Fonte: Corrêa (2016) [1].

Paredes com altura menor ou igual a 1,50 m são representadas em linha média.

A janela com parapeito de até 1,50 m de altura é representada por quatro linhas finas. Caso ela seja uma janela alta (com parapeito de mais de 1,50 m de altura), as duas linhas do meio serão tracejadas em linha fina.

As cotas das janelas devem indicar as dimensões do vão e a altura do parapeito. É possível também fazer indicações na planta baixa e adicionar uma tabela que informa essas medidas de cada tipo de janela.

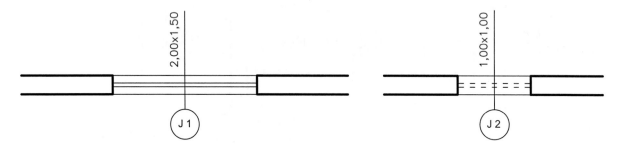

FIGURA 3.8 Desenho de janelas em planta baixa, sendo a janela da direita com parapeito acima de 1,50 m.
Fonte: Corrêa (2016) [1].

A porta pode ser representada por um traço grosso ou um retângulo de linhas finas para escalas menores ou igual a 1:50, sendo a menor das dimensões igual a 3 cm. Para escalas de desenho de detalhe (1:20 e 1:10), a porta será apresentada como um retângulo em linha grossa. A abertura da porta é representada por um arco em linha extrafina. A boneca de uma porta, onde ficam as dobradiças, possui dimensão de 7,5 cm, normalmente. Mas é muito comum representá-la com 10 cm em escalas de 1:00 e 1:50.

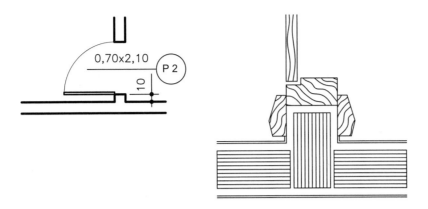

FIGURA 3.9 Desenho de detalhe de uma boneca de uma porta de abrir.

Fonte: Corrêa (2016) [1].

As cotas das portas devem indicar as dimensões do vão. Da mesma forma que as janelas, é possível fazer indicações na planta baixa e adicionar uma tabela que informa as medidas de cada tipo de porta.

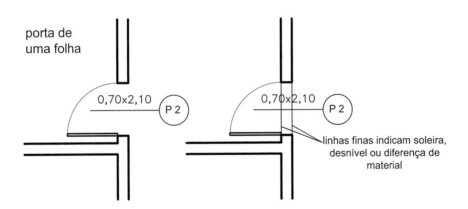

FIGURA 3.10 Cotagem de uma porta de abrir de uma folha.

Fonte: Corrêa (2016) [10].

Além da porta de uma folha de abrir, existem outros tipos que podem ser representados adaptando as características de desenho e de cotagem.

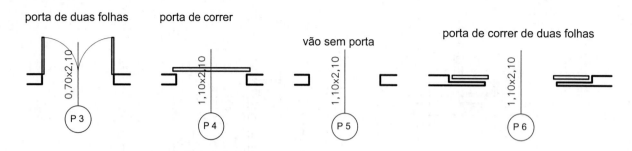

FIGURA 3.11 Outros tipos de porta e vão sem porta.
Fonte: Corrêa (2016) [1].

Na planta baixa, são apresentadas as posições dos aparelhos hidráulicos e alguns elétricos que permitirão o início da compatibilização da arquitetura com as instalações hidráulicas e elétricas, bem como com a estrutura que está sendo lançada, ainda em estudo preliminar – não se devem representar móveis, tapetes e outros objetos desse tipo, pois a planta baixa humanizada que contém esses desenhos só serve de apresentação para clientes. Os aparelhos são desenhados com linhas de espessura média. Se for o caso, os seus detalhes podem ser em linhas médias ou finas. Apesar do chuveiro estar numa altura acima de 1,50 m, sua projeção no piso é representada em linha média contínua, tal como os outros aparelhos.

Quando se desenham os aparelhos hidráulicos de um banheiro, há de se respeitar o espaçamento mínimo entre eles para o uso.

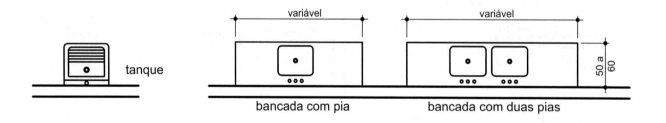

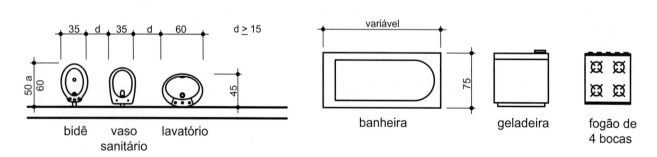

FIGURA 3.12 Desenho de aparelhos em planta baixa.
Fonte: Corrêa (2016) [1].

Deve-se utilizar os mesmos parâmetros para o desenho de um box de chuveiro. As dimensões têm que ser suficientes para o uso, a entrada e saída do box.

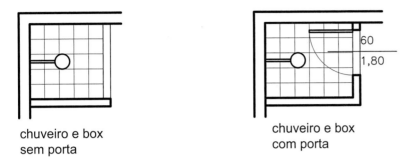

chuveiro e box sem porta

chuveiro e box com porta

FIGURA 3.13 Desenho de box de chuveiro em planta baixa.

Fonte: Corrêa (2016) [1].

Os pisos frios são representados por quadrículas 20x20 cm para planta baixa de estudos preliminares, anteprojeto e projeto básico. Somente no projeto executivo serão apresentados os pisos com suas dimensões reais e a paginação para ordem de assentamento e arremate dos mesmos.

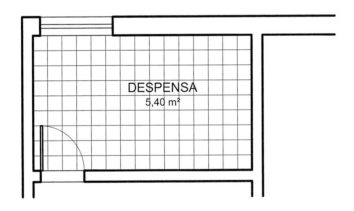

FIGURA 3.14 Desenho de quadrículas 20x20 cm de piso em planta baixa.

Fonte: Corrêa (2016) [1].

O desenho da escada em planta tem os degraus e patamares até 1,50 m de altura em linha média contínua. Acima dessa altura, esses elementos da escada serão representados pelas suas projeções em linha fina tracejada. É facultativo o uso de linha de interrupção indicando a transição para acima de 1,50 m.

Na escada, indica-se a posição de subida em linha fina.

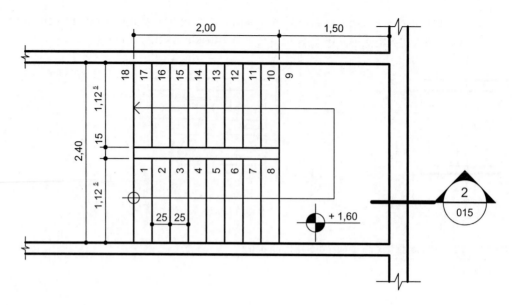

FIGURA 3.15 Desenho de escada em planta baixa.

Fonte: Corrêa (2016) [1].

O mesmo critério de desenho da escada é aplicado para o caso das rampas. Deve-se adicionar a esse desenho a informação do declive da rampa.

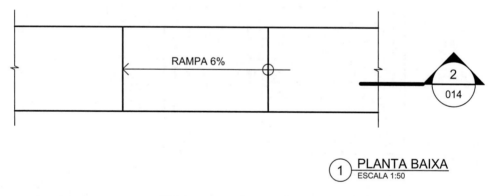

FIGURA 3.16 Desenho de rampa em planta baixa.

Fonte: Corrêa (2016) [1].

Cada compartimento do pavimento é apresentado com seu nome (em fonte de tamanho 2,5 mm ou 3,5 mm) e sua área (em fonte de tamanho 2 mm). São cotadas as suas dimensões principais e outras, caso o compartimento não seja retangular. As cotas do compartimento devem estar sempre alinhadas com as cotas das espessuras das paredes. Se o compartimento tiver piso frio, as cotas deverão estar alinhadas com as quadrículas. As linhas das cotas são em linha fina e o tamanho da fonte dos números é igual a 2 mm.

A posição da janela num compartimento só é cotada se a janela não estiver centralizada ou num dos cantos da parede. Neste caso, basta apenas uma cota indicando a dimensão da extremidade da parede até a da janela.

Sobre as anotações na planta baixa:

- são representados os traços de dois planos de corte, sendo um longitudinal na maior direção e outro transversal;
- anotação de nível do piso principal (bastando apenas para o compartimento mais relevante, por exemplo, a sala de uma casa) e para cada um que esteja num nível diferente;
- anotação para desenho de detalhes (para planta baixa de projeto executivo).

Características do desenho de planta baixa:

- linha grossa para paredes cortadas
- linha média para aparelhos
- linha média para portas
- linha fina para abertura de portas
- linha fina para janelas (quatro paralelas), sendo duas linhas tracejadas para o caso de janelas com parapeito maior ou igual a 1,50 m de altura
- linha extrafina em quadrículas 20x20 cm para representação de pisos frios
- linha média para desnível de piso, rampa ou degrau de escada até 1,50 m de altura do piso
- linha tracejada fina para projeção de laje, beiral, rampa ou degrau de escada acima de 1,50 m de altura do piso
- linha fina para linhas de interrupção
- nome do compartimento com fonte de tamanho 2,5 mm
- área do compartimento com fonte de tamanho 2 mm
- cotas com fonte de tamanho 2 mm
- cotas dos compartimentos alinhadas com as de espessura de parede e uma das linhas das quadrículas representativas de piso frio
- indicação da posição dos planos de corte longitudinal e transversal, conforme a representação padrão
- indicação do nível do piso conforme a representação padrão
- escala em 1:50

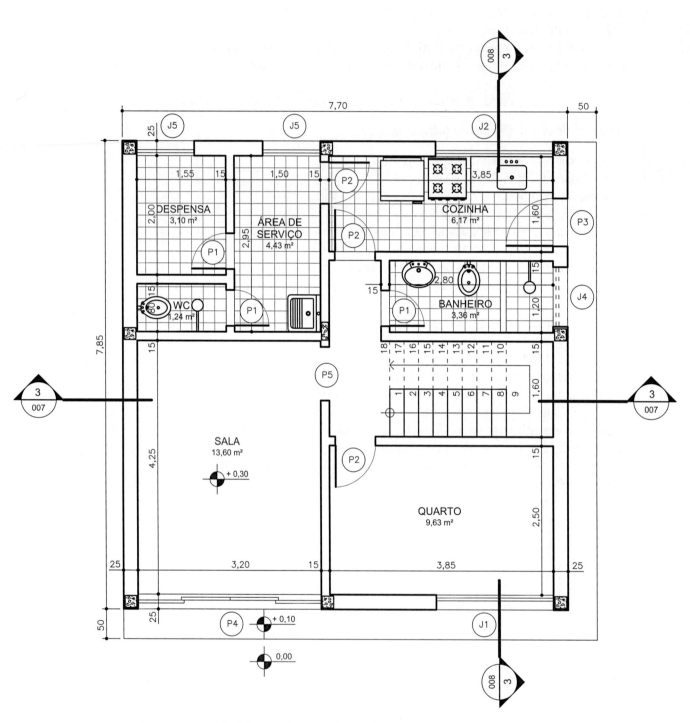

FIGURA 3.17 Planta baixa do primeiro pavimento de uma casa.

Fonte: Corrêa (2016) [1].

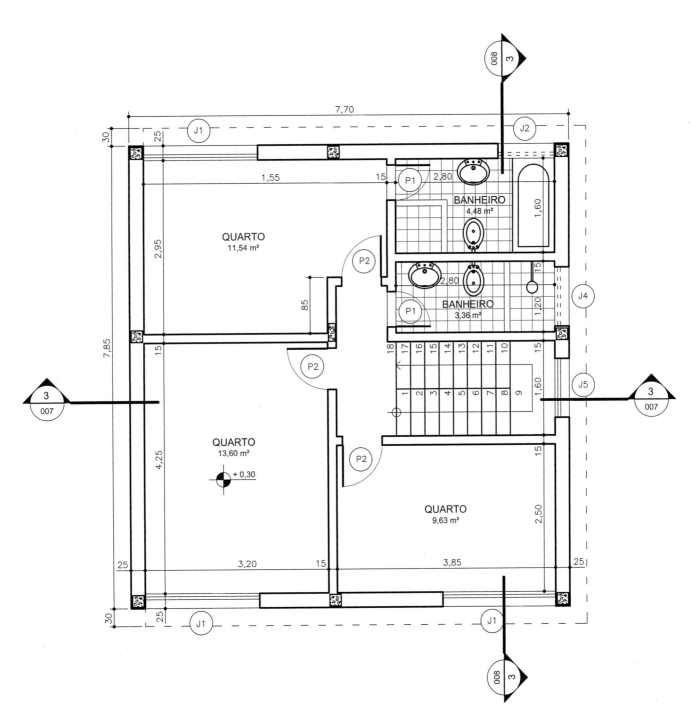

FIGURA 3.18 Planta baixa do segundo pavimento de uma casa.

Fonte: Corrêa (2016) [1].

3.4 Cortes longitudinal e transversal

Os cortes longitudinais e transversais são desenhos que apresentam informações verticais que complementam as da planta baixa. O corte longitudinal é aquele que está na direção da maior dimensão principal do prédio.

O traço do corte é feito na planta baixa, passando pelo caminho que apresentará o desenho mais interessante e representativo. Deve-se passar por escada e fosso de elevador quando houver.

Os cortes contêm desenhos de paredes, portas, janelas, aparelhos, bancadas, lajes, vigas, estrutura do telhado e representação de azulejos. Dependendo do caso, podem ter desenhos de rampa, escada e fosso com elevador. Também é possível que apareça desenho de parte da fachada que esteja recuada em relação ao corte e, sendo assim, essa parte será tratada com as características de desenho de fachada.

A parede cortada é representada em linha grossa e a parede vista, em linha média. A altura do pé-direito (distância entre o piso e o teto) é cotada no mesmo alinhamento das cotas das espessuras das lajes. As lajes cortadas são representadas em linha grossa e com hachura do seu material (por exemplo, concreto).

A representação de uma janela cortada em corte vertical é a mesma da planta baixa, ou seja, quatro linhas finas, mesmo sendo janela alta. Se a janela for vista de frente, então as linhas do vão serão em linha média. As cotas da janela são da altura do parapeito, da altura do vão e da distância entre a verga e o teto. Essas cotas devem estar alinhadas.

A representação de uma porta cortada em corte vertical são duas linhas médias ao longo da altura do vão e da verga para cima em linha grossa. Se a porta for vista de frente, então as linhas do vão serão em linha média. As cotas da porta são da altura do vão e da distância entre a verga e o teto. Essas cotas devem estar alinhadas.

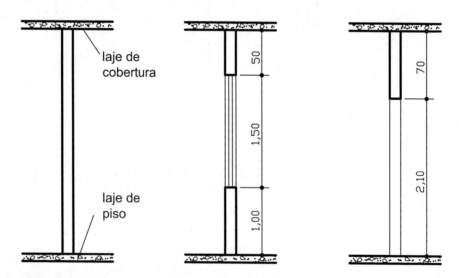

FIGURA 3.19 Corte vertical de parede, janela e porta.

Fonte: Corrêa (2016) [1].

Os azulejos ou pisos são representados por quadrículas 15x15 cm para planta baixa de estudos preliminares, anteprojeto e projeto básico. Somente no projeto executivo serão apresentados os azulejos ou pisos com suas dimensões reais e a paginação para ordem de assentamento e arremate dos mesmos. No caso de haver cotas, estas deverão estar alinhadas com as quadrículas.

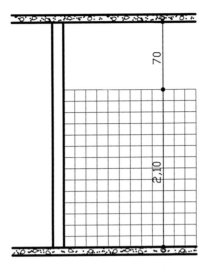

FIGURA 3.20 Desenho de quadrículas 15x15 cm de azulejo em corte vertical.
Fonte: Corrêa (2016) [1].

No desenho de uma escada em corte, representa-se uma parte cortada e outra vista. A parte cortada será em linha grossa e a vista, em linha média. Deve-se cotar a altura e a espessura do seu patamar e de pelo menos um degrau.

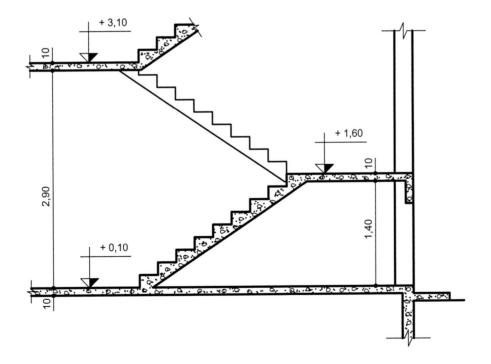

FIGURA 3.21 Desenho de escada em corte vertical.
Fonte: Corrêa (2016) [1].

Nos cortes de estudos preliminares, anteprojeto e projeto básico, não se representam desenhos de aparelhos sanitários e outros (fogão, geladeira, máquina de lavar roupa).

São cotadas as espessuras de laje, as dimensões verticais dos vãos de portas, janelas e entradas, de alturas de parapeitos, distância do vão até o teto e altura do telhado em relação ao piso da cobertura. Não se cota na horizontal, pois as cotas horizontais já estão apresentadas na planta baixa.

Na apresentação de um jogo de plantas para licença de obra ou legalização, é necessário pelo menos um corte longitudinal e outro transversal. Para um projeto executivo, pode-se fazer tantos cortes quanto forem necessários para o bom entendimento do prédio que será construído.

Os desenhos de corte devem acompanhar os das plantas baixas sempre que possível. Caso não haja essa possibilidade devido ao tamanho dos desenhos, os cortes podem estar em outras pranchas.

Sobre as anotações no desenho de corte vertical:

- anotação de níveis de acabamento e de osso do piso de cada pavimento ou de um que esteja num nível diferente do principal;
- anotação para desenho de detalhes (para planta baixa de projeto executivo).
- Características do desenho de corte:
- linha grossa para o traço do nível do terreno
- linha grossa para paredes, lajes, vigas e escadas cortadas
- linha média para vãos de portas, janelas e escadas vistas
- linha fina para janelas (quatro paralelas)
- linha extrafina em quadrículas 15x15 cm para representação de azulejos ou pisos
- linha fina para linhas de interrupção
- hachuras representando o tipo de material (concreto, por exemplo) para as lajes ou piso, vigas e escadas cortadas.
- nome do compartimento com fonte de tamanho 2 mm
- cotas com fonte de tamanho 2mm
- cotas das janelas alinhadas (piso ao peitoril, peitoril à verga, verga ao teto)
- cotas das portas e entradas alinhadas (piso à verga, verga ao teto)
- cota do pé-direito alinhada com as de espessura de laje ou piso
- cotas alinhadas com uma das linhas das quadrículas representativas de azulejo
- indicação dos níveis de osso e de acabamento do piso conforme a representação padrão
- escala em 1:50

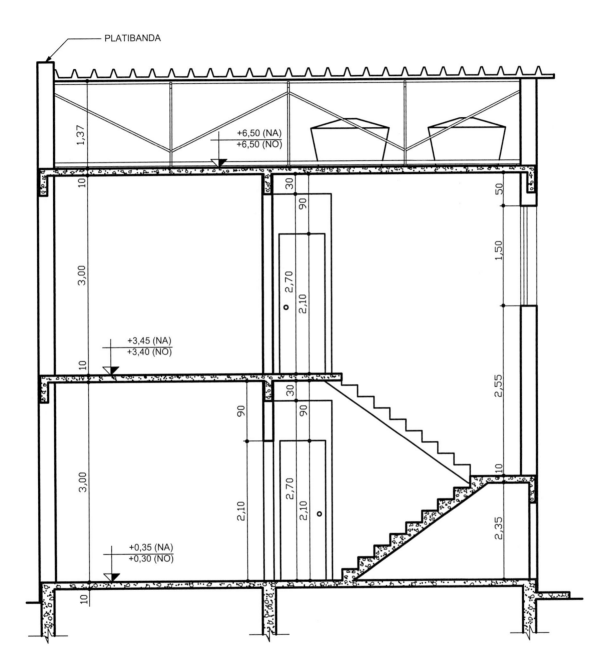

FIGURA 3.22 Desenho de corte transversal de uma casa.

Fonte: Corrêa (2016) [1].

44 CAPÍTULO 3 Desenho de Arquitetura

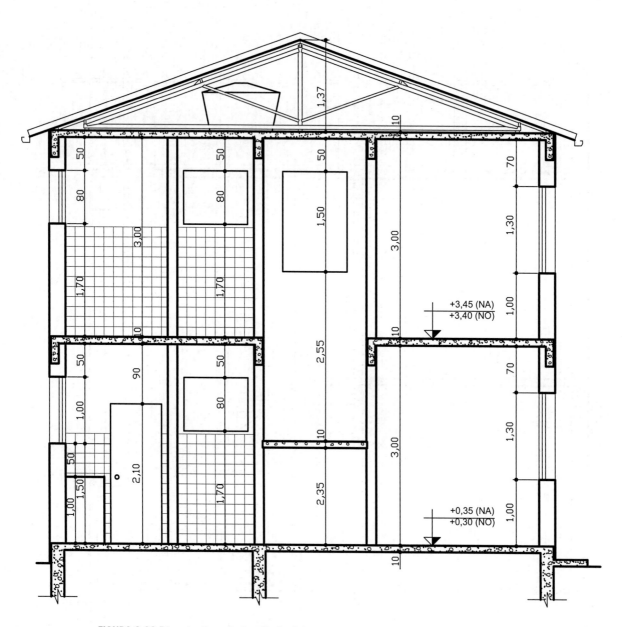

FIGURA 3.23 Desenho de corte longitudinal de uma casa.

Fonte: Corrêa (2016) [1].

3.5 Planta de cobertura

A planta de cobertura é uma vista superior do prédio. A cobertura pode ser de telhado ou ter um terraço.

O desenho de cobertura apresenta os contornos das águas dos telhados, assinalando seus declives em porcentagem, indicação do caimento das águas e calhas e beirais quando existirem.

Não se cota quando a cobertura for em telhado.

Características do desenho de cobertura com telhado:

- linha média para contornos das águas do telhado (cumeeira, espigão, rincão e cordão)
- linha média para platibandas e calhas
- linha média para triângulos que indicam caimento das águas
- linha fina tracejada para beirais.
- escala em 1:00, 1:200, 1:250, 1:500, dependendo do tamanho do prédio

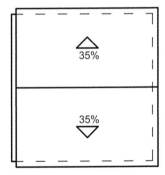

FIGURA 3.24 Desenho de cobertura com telhado.

Fonte: Corrêa (2016) [1].

No caso de haver um terraço, o desenho deverá ter o mesmo tratamento de uma planta baixa, sendo a escala em 1:50.

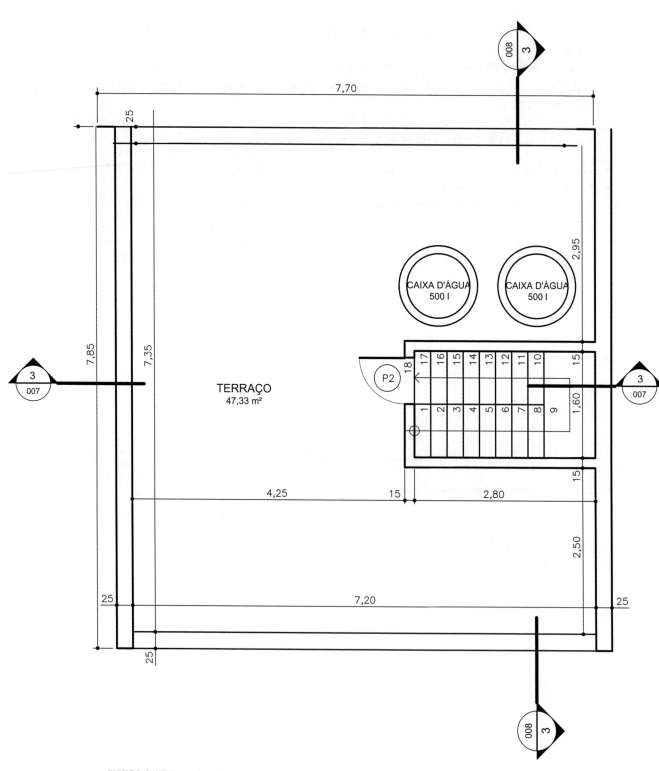

FIGURA 3.25 Desenho de cobertura com terraço.

Fonte: Corrêa (2016) [1].

3.6 Organização dos desenhos de arquitetura em prancha

O padrão adotado para as pranchas que contêm os desenhos é o tipo A (2A0, A0, A1, A2 e A3). O papel é escolhido conforme o tamanho e a quantidade dos desenhos.

A legenda das pranchas do jogo de plantas de arquitetura para dar entrada numa divisão de edificações de um município, seja para legalização ou requisição de licença de obra, deve conter informações sobre: tipo de projeto, endereço do imóvel, número da prancha, desenhos contidos, data, escala dos desenhos, proprietário do imóvel, autor do projeto, responsável técnico pela obra, além de campos para inserir o número do processo, observações e vistos. O exemplo de legenda de arquitetura a seguir é baseado no modelo usado pelas divisões de edificações das regiões administrativas do Município do Rio de Janeiro.

FIGURA 3.26 Modelo de legenda de uma prancha de desenhos de arquitetura.

Fonte: Corrêa (2016) [1].

No caso dessas referidas divisões de edificações, a planta de situação deve vir numa única prancha, que é a número 1, separada dos outros desenhos, conforme a Figura 3.27.

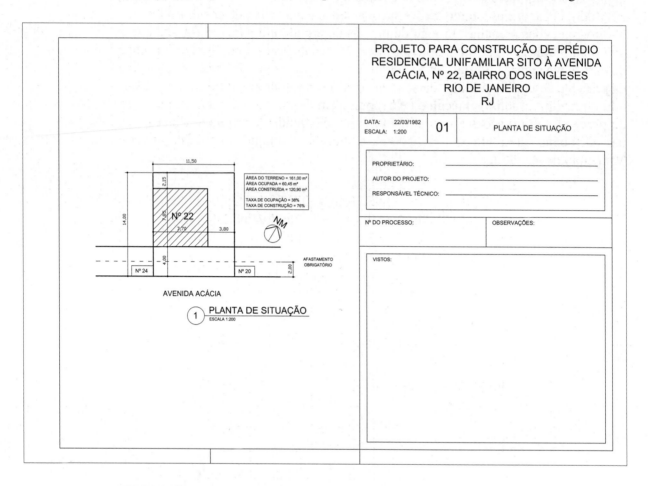

FIGURA 3.27 Prancha da planta de situação de uma casa.
Fonte: Corrêa (2016) [1].

As plantas baixas dos pavimentos devem estar, preferencialmente, com os cortes longitudinal e transversal. Havendo espaço no papel, pode-se inserir as fachadas e a planta de cobertura.

Os desenhos que pertencem a uma mesma prancha devem estar alinhados e distribuídos adequadamente no papel, obedecendo uma ordem lógica de disposição.

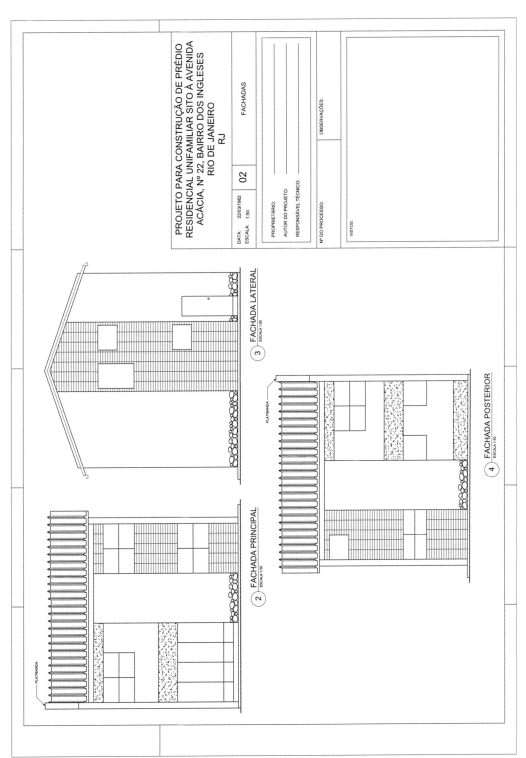

FIGURA 3.28 Distribuição dos desenhos de arquitetura de uma casa em prancha. (Continua)

Fonte: Corrêa (2016) [1].

50 CAPÍTULO 3 Desenho de Arquitetura

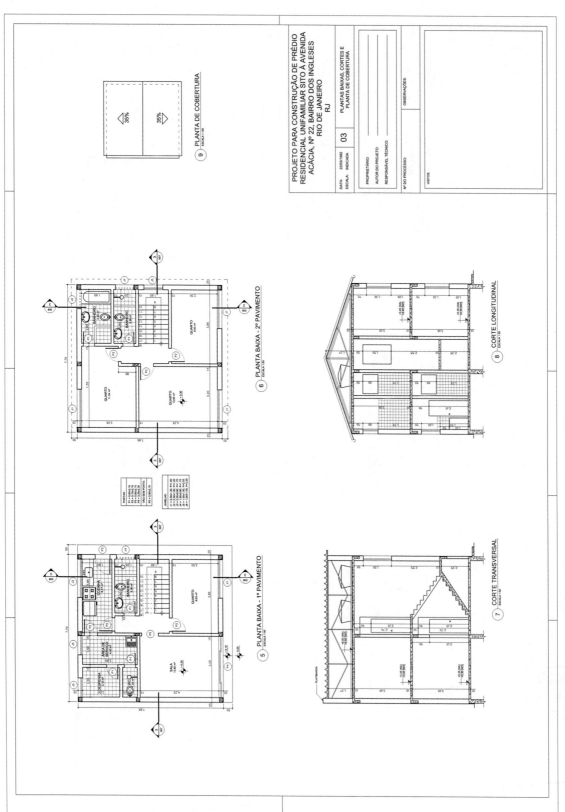

FIGURA 3.28 Distribuição dos desenhos de arquitetura de uma casa em prancha. (Continuação)

Fonte: Corrêa (2016) [1].

CAPÍTULO

4

Desenho de Estrutura de Concreto Armado

O concreto é uma mistura de cimento, areia, pedra e água que, após endurecer, possui boa resistência à compressão, mas não suporta bem os esforços de tração. Para resistir às solicitações de tração, são usadas armaduras de aço, resultando no concreto armado. O concreto e o aço possuem coeficientes de dilatação muito próximos, formando um conjunto perfeito que resiste à compressão e à tração.

Os elementos estruturais principais de um prédio são lajes, vigas e pilares. Os carregamentos das lajes são transmitidos para as vigas e estas transmitem as cargas para os pilares. Pode acontecer de um pilar nascer numa viga e assim transmitir sua carga nela.

No caso de estruturas de concreto armado, as lajes possuem apenas armaduras longitudinais para combater os esforços de momento fletor que causam tração. Da mesma forma, as vigas e pilares também possuem armaduras longitudinais. Entretanto existem esforços cortantes e momentos de torção que precisam ser combatidos nas vigas e pilares e, por isso são usados estribos que previnem o concreto de sofrer cisalhamento.

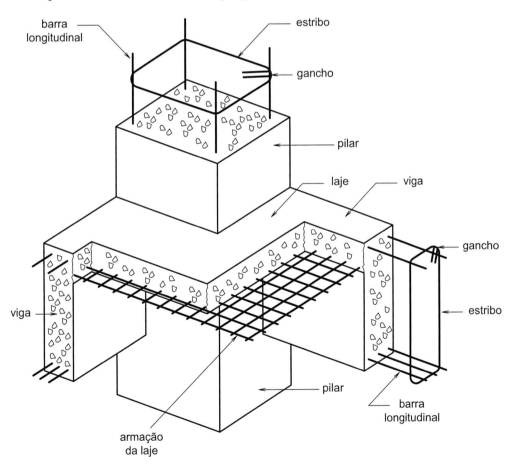

FIGURA 4.1 Elementos principais de estrutura de concreto armado.

Fonte: Corrêa (2016) [3].

Para o concreto armado são usados dois jogos de plantas para a execução da estrutura:

- Formas – destinam-se à execução dos moldes, onde será vasado o concreto, após a montagem das armações.
- Armações – descrevem para cada peça (viga, pilar e laje) a armação de aço, fornecendo todos os dados necessários, desde elementos para compra, sua fabricação, dobramento e montagem no interior das formas. Para as armações, são indicados dobramentos, curvas, comprimentos, diâmetros, espaçamentos, locações, quantidades etc.

A unidade das cotas de desenho de estrutura é o centímetro, sem casas decimais.

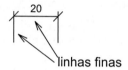

FIGURA 4.2 Cota no desenho de estrutura.
Fonte: Corrêa (2016) [3].

4.1 Planta de formas

Os desenhos de formas ou plantas de formas dos pavimentos de edifícios são obtidos pela projeção do pavimento sobre um plano que lhe é paralelo e situado abaixo, considerando-se um observador (impróprio) olhando para cima.

Para outros detalhes estruturais, usam-se vistas e cortes ortográficos.

Na prática, o observador se situa por baixo do teto e olha para cima, obtendo a planta conforme a Figura 4.3.

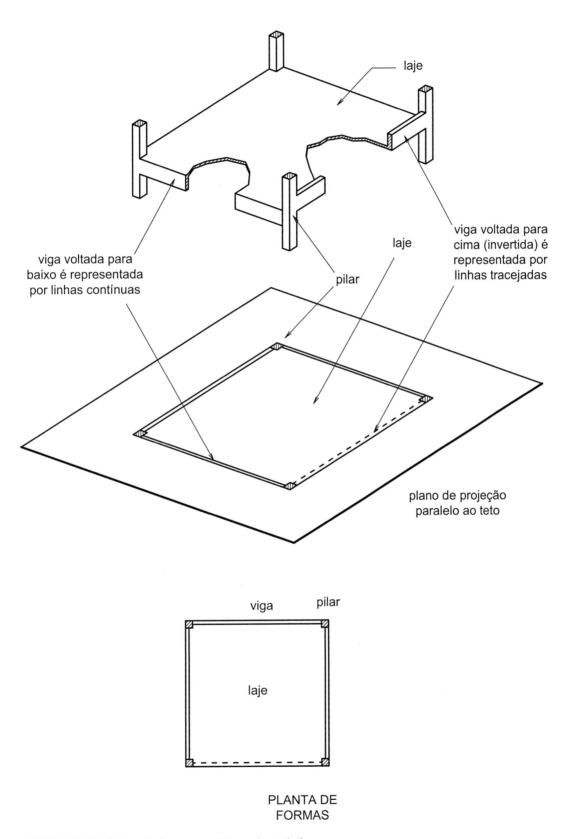

FIGURA 4.3 Projeção da estrutura que resulta na planta de formas.

Fonte: Corrêa (2016) [3].

As lajes são indicadas na planta de formas com a letra L, seguida de um número que se refere à sua posição no desenho. A numeração da laje (L1, L2, L3 ...) é feita da esquerda para a direita e de cima para baixo. Também é informada a espessura da laje em centímetro e o seu nível referencial ao do piso do pavimento.

Quando a laje estiver num nível diferente do geral (0.00), são desenhadas hachuras com linha fina com inclinação de 45° e espaçamento entre linhas de 1 cm. Se a laje for acima do nível geral do pavimento, a inclinação da hachura é para a direita; se for abaixo do nível geral, é para a esquerda; conforme a Figura 4.4.

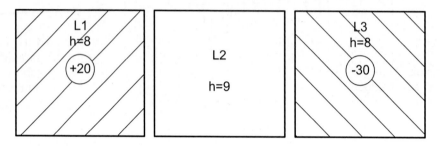

FIGURA 4.4 Representação do nível da laje.

Fonte: Corrêa (2016) [3].

No exemplo da Figura 4.4, L1 tem espessura de 8 cm e está 20 cm acima do nível geral do pavimento, L2 tem espessura de 9 cm e está no nível geral e L3 tem espessura de 8 cm e está 30 cm abaixo do nível geral do pavimento.

As vigas são indicadas na planta de formas com a letra V, seguida de um número que se refere à sua posição no desenho, e de uma letra que se refere ao vão quando existir mais de um. A numeração da viga (V1, V2, V3 ...) é feita de cima para baixo (posições horizontais no desenho) e da esquerda para a direita (posições verticais no desenho), considerando as inclinadas cujo ângulo com uma horizontal seja menor ou igual a 45° na mesma sequência de numeração das vigas horizontais. Também é informada a seção transversal da viga com suas dimensões em centímetro. A altura da viga inclui a espessura da laje. Na Figura 4.5 são apresentadas as vistas superior e frontal da viga V1 que possui 3 vãos, sendo V1A com altura contínua, V1B com variação de seção e V1C com mísula ou "voute".

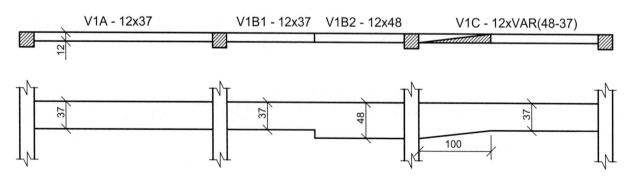

FIGURA 4.5 Representação das alturas e bases da viga.

Fonte: Corrêa (2016) [3].

Quando houver laje em diferente nível do geral, as seções das vigas adjacentes são rebatidas em planta. O mesmo ocorre quando há vigas invertidas ou parcialmente invertidas, conforme a Figura 4.6.

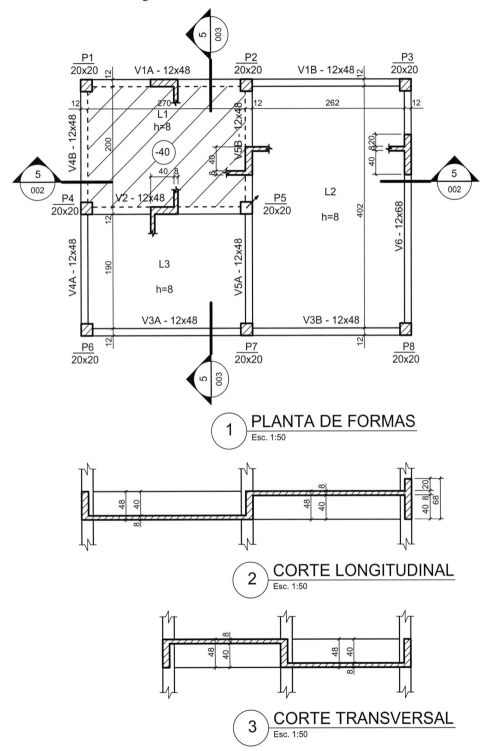

FIGURA 4.6 Planta de formas com indicação das vigas rebatidas e respectivos cortes.

Fonte: Corrêa (2016) [3].

Conforme o exemplo da Planta de Formas da Figura 4.6, os pilares são indicados na planta de formas com a letra P, seguida de um número que se refere à sua posição no desenho. A numeração do pilar (P1, P2, P3 ...) é feita da esquerda para a direita e de cima para baixo. Também é informada a seção transversal do pilar com suas dimensões em centímetro.

Os pilares podem ser classificados em quatro tipos:

- pilares que passam: mantêm a mesma seção atravessando de um pavimento inferior para o superior, são representados por hachura com linhas finas a 45°;
- pilares que morrem: são interrompidos no nível do piso do pavimento superior, são representados por hachura sólida;
- pilares que nascem: surgem a partir do piso do pavimento superior, são representados sem hachura e com uma seta partindo do centro da seção;
- pilares que tem seção reduzida: uma parte da seção atravessa do pavimento inferior para o superior (hachura com linhas finas a 45°), enquanto outra é interrompida no nível do piso do pavimento superior (hachura sólida).
- Os exemplos dessa classificação são apresentados na Figura 4.7.

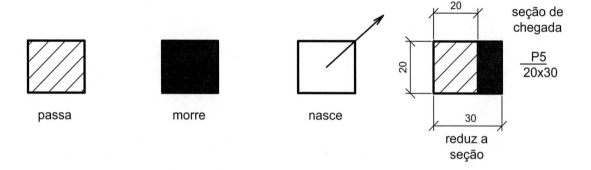

FIGURA 4.7 Representação de tipos de pilares em planta de formas.

Fonte: Corrêa (2016) [3].

As linhas de cotas das espessuras das vigas e dos vãos das lajes devem estar alinhadas na planta de formas.

No vão da escada, não se desenha esta, mas apenas apresenta com duas linhas finas.

Sobre as anotações na planta de formas:

- são representados os traços de dois planos de corte, sendo um longitudinal na maior direção e outro transversal;
- anotação de nível do piso principal (bastando apenas para o compartimento mais relevante, por exemplo, a sala de uma casa) e para cada um que esteja num nível diferente;
- anotação para desenho de detalhes (para planta baixa de projeto executivo).

Características do desenho de planta de formas:

- linha grossa para pilares cortados
- linha média para lajes e vigas
- linha tracejada média para vigas invertidas
- linha fina para linhas de interrupção
- linha fina para a circunferência de diâmetro 10 mm que contém o valor do nível da laje
- numeração, dimensão da espessura e nível de laje com fonte de tamanho 2,5 mm
- numeração, dimensões da seção de viga e de pilar com fonte de tamanho 2,5 mm
- cotas com fonte de tamanho 2 mm
- cotas das lajes alinhadas com as de espessura de vigas
- indicação de passagem, início ou término de pilares
- indicação de seções rebatidas, quando existirem vigas invertidas
- indicação de mísulas nas vigas, quando existirem
- indicação de furos
- indicação de aberturas de vãos com duas linhas finas
- indicação da posição dos planos de corte longitudinal e transversal, conforme a representação padrão
- escala em 1:50

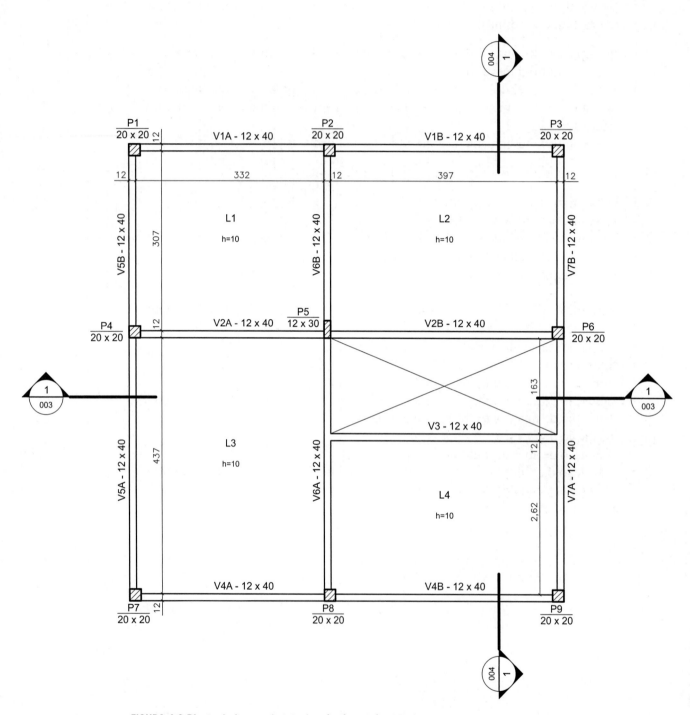

FIGURA 4.8 Planta de formas do teto do primeiro pavimento de uma casa.

Fonte: Corrêa (2016) [3].

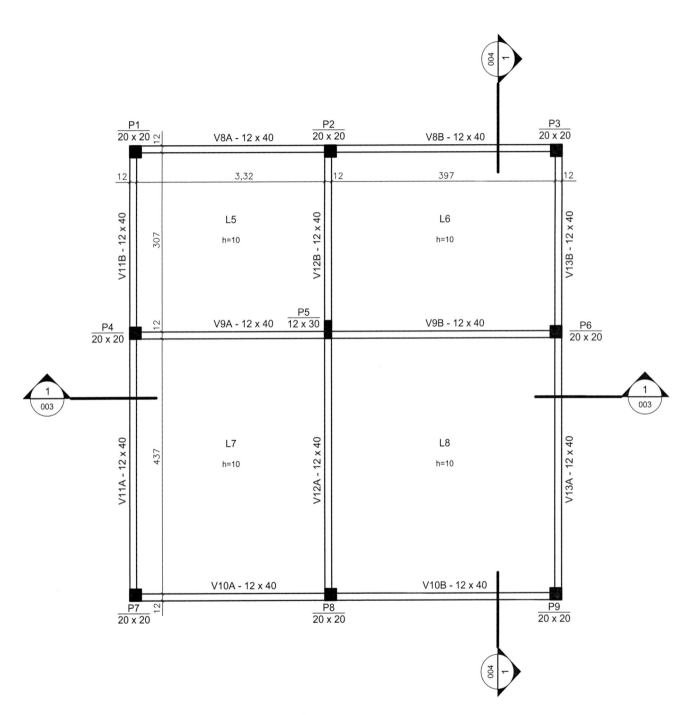

FIGURA 4.9 Planta de formas do teto do segundo pavimento de uma casa.
Fonte: Corrêa (2016) [3].

4.2 Cortes longitudinais e transversais para formas

Os cortes longitudinais e transversais de formas de estrutura são desenhos que apresentam informações verticais que complementam as da planta de formas. O corte longitudinal é aquele que está na direção da maior dimensão principal do prédio.

O traço do corte é feito na planta de formas, passando pelo caminho que apresentará o desenho mais interessante e representativo. Deve-se passar por vão de escada e fosso de elevador quando houver.

Os cortes contêm apenas desenhos de lajes, vigas e pilares. Os elementos cortados são desenhados em linha grossa e suas seções hachuradas em linha fina a 45°. Os elementos vistos são desenhados em linha média e as cotas em linha fina.

São cotadas as espessuras de laje e alturas de vigas para cada vão apresentado. Não se cota na horizontal, pois as cotas horizontais já estão apresentadas na planta de forma.

Os desenhos de corte devem acompanhar os das plantas de forma sempre que possível. Caso não haja essa possibilidade devido ao tamanho dos desenhos, os cortes podem estar em outras pranchas.

Características do desenho de corte:

- linha grossa para o traço do nível do terreno
- linha grossa para lajes e vigas cortadas
- linha média para lajes, vigas e pilares vistos
- linha fina para linhas de interrupção
- hachuras em linha fina a 45° para as lajes e vigas cortadas.
- cotas com fonte de tamanho 2mm
- cotas alinhadas (laje, parte restante da altura da viga e distância até o piso)
- escala em 1:50

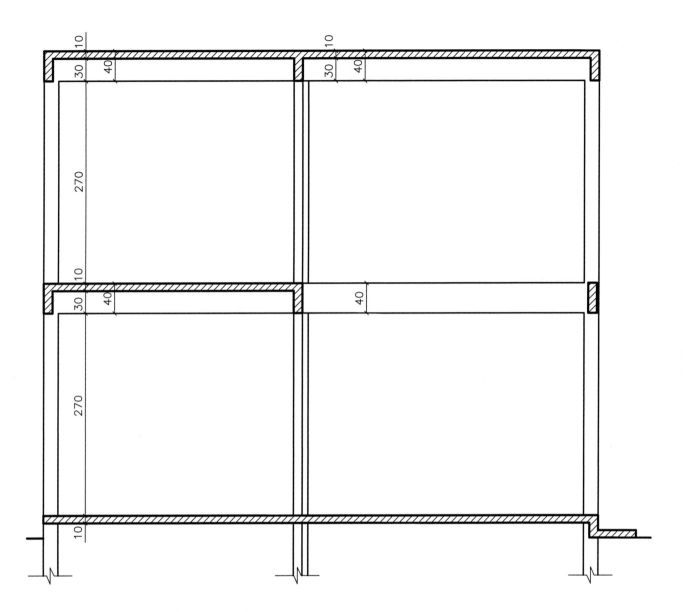

FIGURA 4.10 Corte transversal da estrutura de uma casa.

Fonte: Corrêa (2016) [3].

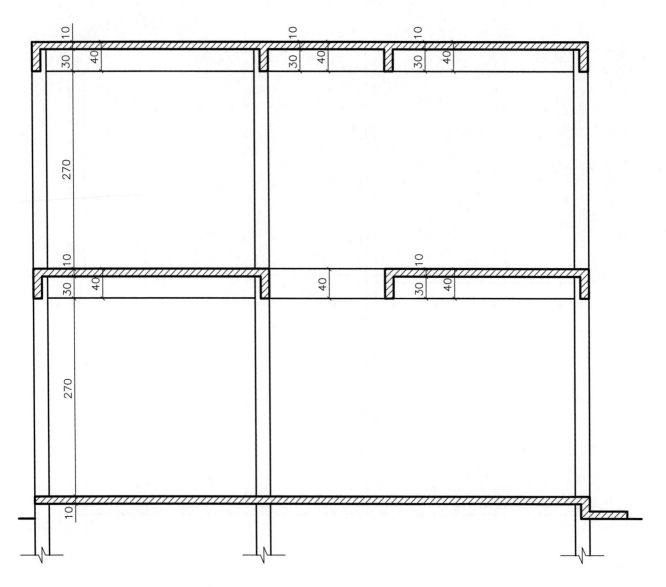

FIGURA 4.11 Corte longitudinal da estrutura de uma casa.
Fonte: Corrêa (2016) [3].

Os desenhos das formas da estrutura da escada e dos reservatórios (cisterna e caixa d'água) são separados das plantas de formas e de corte.

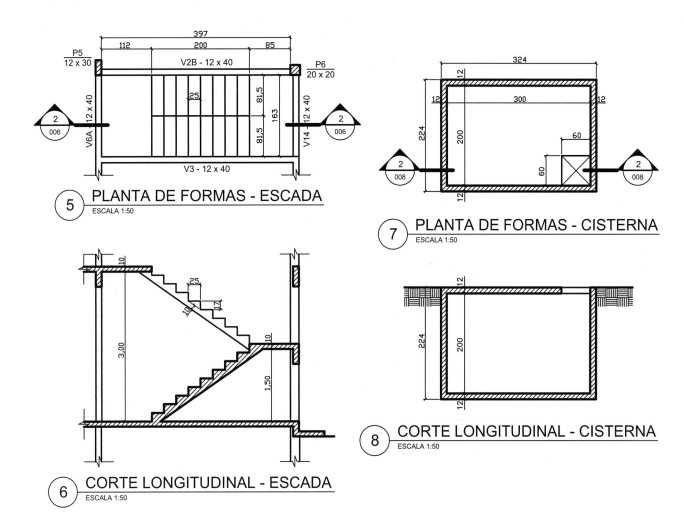

FIGURA 4.12 Planta de formas de escada e reservatório.

Fonte: Corrêa (2016) [3].

4.3 Plantas de armação

Os desenhos de armações são destinados a fornecer dados dimensionais para a fabricação e montagem das armações. As escalas usuais são 1:50 para lajes e vigas e 1:20 para pilares e desenho de detalhes. Os ferros são representados por uma linha grossa e as seções ou contornos das peças de concreto são desenhadas em linhas finas.

As barras de aço são numeradas em ordem crescente de diâmetro, dentro do mesmo desenho (planta). Cada novo número ou posição é diferenciado dos anteriores pela variação de diâmetro e forma de dobragem e, ainda, pelo comprimento. As barras iguais, mesmo pertencendo a peças diferentes, recebem o mesmo número.

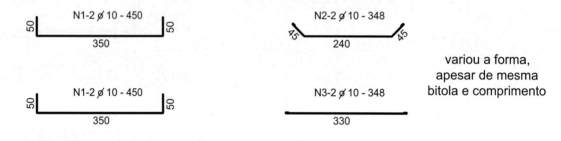

FIGURA 4.13 Barras de aço iguais e diferentes.

Fonte: Corrêa (2016) [3].

A especificação de uma armação contém as informações sobre a quantidade, o diâmetro, o comprimento e o espaçamento das barras de aço.

exemplo: N1 - 14 ⌀ 10 - 330 - c.20

N1 - número da posição
14 - quantidade
⌀ 10 - diâmetro ou bitola (mm)
330 - comprimento retificado (cm)
c.20 = a cada 20 cm - espaçamento entre barras

⌀ = barra de aço
⌀ = estribo (barra fina, usualmente, para efeito de armação)

FIGURA 4.14 Especificação de uma armação.

Fonte: Corrêa (2016) [3].

As barras são desenhadas dentro das peças estruturais às quais pertencem e aí dimensionadas e numeradas; ou transladadas para fora para melhor detalhamento, como nos casos das vigas e estribos de pilares.

O cobrimento da armadura é feito para evitar a corrosão por exposição das barras. Nas estruturas expostas a agentes químicos, água salgada, maresia e outros, o cobrimento é aumentado. A Tabela 4.1 mostra os valores em centímetros.

TABELA 4.1 Cobrimento de uma armação

	Laje	Vige Pilar	Fundações
ambiente submerso	2	2,5	3
ambiente rural	2	2,5	3
ambiente urbano	2,5	3	3
ambiente marinho	3,5	4	4
ambiente industrial	3,5 a 4,5	4 a 5	4 a 5
ambiente de maré	4,5	5	5

Fonte: Corrêa (2016) [3].

Usa-se o mesmo critério de cobrimento de fundações para elementos estruturais em contato com o solo. Para a parte superior de lajes e vigas que receberão contrapiso e revestimento de argamassa, o cobrimento mínimo pode ser de 1,5 cm para uso de aço de diâmetro até 12,5 mm. Para valores maiores que esse, usa-se cobrimento maior ou igual ao diâmetro do aço. O cobrimento para elementos estruturais pré-fabricados deve ser consultado na norma NBR 9062.

Para aumentar a ancoragem da barra de aço no concreto, são usados ganchos. Numa barra de aço com dois ganchos, os valores dos comprimentos dos dobramentos são adicionados ao seu comprimento longitudinal resultando no comprimento retificado.

FIGURA 4.15 Detalhe de um gancho de uma barra de aço.

Fonte: Corrêa (2016) [3].

O comprimento de emenda, também conhecido como transpasse, é usado quando o comprimento a ser usado é maior que o do vergalhão (11,00 m), necessitando emendar os ferros.

FIGURA 4.16 Detalhe de um comprimento de emenda ou transpasse.

Fonte: Corrêa (2016) [3].

Os comprimentos de ganchos e de emendas são tabelados e dependem do tipo de aço e do diâmetro.

TABELA 4.2 Comprimentos de ganchos e de emenda

Aço CA-25

Diâmetro (mm)	5	6,3	8	10	12,5	16	20	22,2
Peso (kg/m)	0,14	0,25	0,38	0,56	1,00	1,55	2,22	3,05
Comprimento p/2 ganchos (cm)	7	9	11	14	18	23	27	32
Comprimento de emenda (cm)	19	25	32	38	51	63	76	85

Aço CA-50

Diâmetro (mm)	5	6,3	8	10	12,5	16	20	22,2
Peso (kg/m)	0,14	0,25	0,38	0,56	1,00	1,55	2,22	3,05
Comprimento p/2 ganchos (cm)	9	11	14	18	22	29	49	54
Comprimento de emenda (cm)	19	25	32	38	51	63	76	85

Fonte: Corrêa (2016) [3].

Observação: Para os aços rugosos, torcidos e outros, há valores tabelados diferenciados destes.

A laje retangular pode ser armada apenas na direção do vão menor quando a razão entre o seu vão maior e seu vão menor for maior ou igual a 2, caso contrário, ela é armada nos dois vãos. No caso de laje armada em uma direção, usa-se barras perpendiculares a essa direção com a finalidade de amarração dos aços para manter o espaçamento da armação durante a concretagem. Para efeito de cálculo estrutural, cada faixa da laje é considerada como uma viga de 1,00 metro de largura.

Quando o momento fletor na laje é positivo, as barras de ferro são colocadas junto ao fundo da laje e são chamadas de positivas. Caso esse momento seja negativo, as barras de ferro são colocadas junto à parte superior da laje e são chamadas de negativas. Normalmente, o momento fletor positivo ocorre na região central da laje, enquanto o momento fletor negativo ocorre nos bordos da laje. Nas lajes em balanço (marquises), o momento fletor é negativo e por isso só haverá barras negativas. A Figura 4.17 mostra a deformação numa laje feita por um carregamento, havendo uma parte que se comprime e outra que se dilata. Assim, como o concreto não resiste bem à tração, a armadura é colocada na parte em que ocorre a dilatação devido ao carregamento.

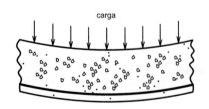 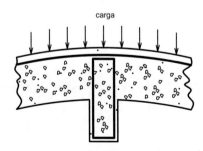

FIGURA 4.17 Posição das barras da laje na região tracionada.

Fonte: Corrêa (2016) [3].

Sendo o momento fletor positivo maior na região central que nos bordos da laje, a demanda maior de barras de aço será maior na região central. Assim, é possível usar barras alternadas sempre que o espaçamento entre elas for menor ou igual a 17 cm. Existem duas formas de se usar barras alternadas: com comprimentos iguais ou diferentes. Caso o espaçamento entre barras seja maior que 17 cm, as barras terão que ser diretas.

O mesmo caso do espaçamento se aplica para as armaduras negativas, sendo que deve ser considerado o tipo de vão em relação à direção da armação:
- vão central: existe laje adjacente nos dois lados da laje
- vão extremo: existe laje adjacente em apenas um lado da laje
- vão isolado: não existe laje adjacente nos dois lados da laje

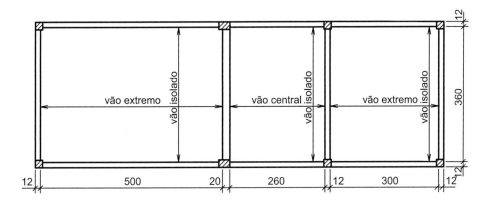

FIGURA 4.18 Tipos de vãos: central, extremo e isolado.

Fonte: Corrêa (2016) [3].

Definido o espaçamento entre barras, o cálculo do comprimento da barra de aço para cada caso é apresentado na Tabela 4.3.

TABELA 4.3 Comprimentos de barras de aço de laje

		comprimento	
		Armação Positiva	Armação Negativa
espaçamento maior que 17 cm	barras diretas	(vão + largura) − (2× cobrimento)	vão médio / 2 + largura da viga − 10
espaçamento menor ou igual a 17 cm	barras iguais e alternadas	vão isolado = 85% do vão vão extremo = 75% do vão vão central = 70% do vão	3 × vão médio / 8 + largura da viga − 10
	barras longas e curtas	comprimento da barra longa = barra direta comprimento da barra curta = 50% da barra direta	

Fonte: Corrêa (2016) [3].

70 CAPÍTULO 4 Desenho de Estrutura de Concreto Armado

A quantidade de barras de aço em cada direção é calculada pela seguinte fórmula, sendo o resultado dado em números inteiros, sempre aproximando para mais:

$$\text{quantidade} = \frac{\text{vão ortogonal à direção das barras} - 1}{\text{espaçamento}}$$

Para o exemplo da planta de formas da Figura 4.16, supondo definidos os espaçamentos e diâmetros das barras de aço, temos os seguintes cálculos dos comprimentos das barras, conforme o apresentado na Tabela 4.3.

Memória de cálculo:

armação positiva
 barras diretas
comprimento = (vão+largura das vigas) - (2 x cobrimento)
  N1 = (360 + 12 + 12) - (2 x 1,5) = 384 - 3 = 381 cm
  N7 = (300 + 12 + 12) - (2 x 1,5) = 324 - 3 = 321 cm
 barras alternadas e iguais
  N2 (vão isolado) = (85% do vão) = 0,85 x 360 = 306 cm
  N3 (vão extremo) = (75% do vão) = 0,75 x 500 = 375 cm
  N4 (vão central) = (70% do vão) = 0,70 x 260 = 182 cm
armação negativa
 barras alternadas
N5 = (3/8) x (vão médio) + (largura da viga) - 10 = (3/8) x 380 + 20 - 10 = 153 cm
 barras diretas
N6 = (1/2) x (vão médio) + (largura da viga) - 10 = (1/2) x 280 + 12 - 10 = 142 cm

---

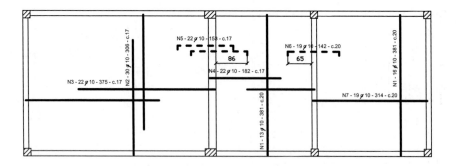

FIGURA 4.19 Planta de armação do exemplo da memória de cálculo.
Fonte: Corrêa (2016) [3].

As armaduras são posicionadas nas formas das lajes, conforme os espaçamentos, cobrimentos e indicações estão na parte de baixo (armadura positiva, representada por linha contínua) ou na de cima (armadura negativa, representada por linha tracejada). Há de se considerar o comprimento da ancoragem das barras negativas.

Características do desenho de planta de armação de lajes:

- linha contínua grossa para armaduras positivas
- linha tracejada grossa para armaduras negativas
- linha fina para a planta de formas
- linha fina para cota de posição da armadura
- texto da especificação da armadura com fonte de tamanho 2 mm
- cota da posição da armadura com fonte de tamanho 2 mm
- escala em 1:50

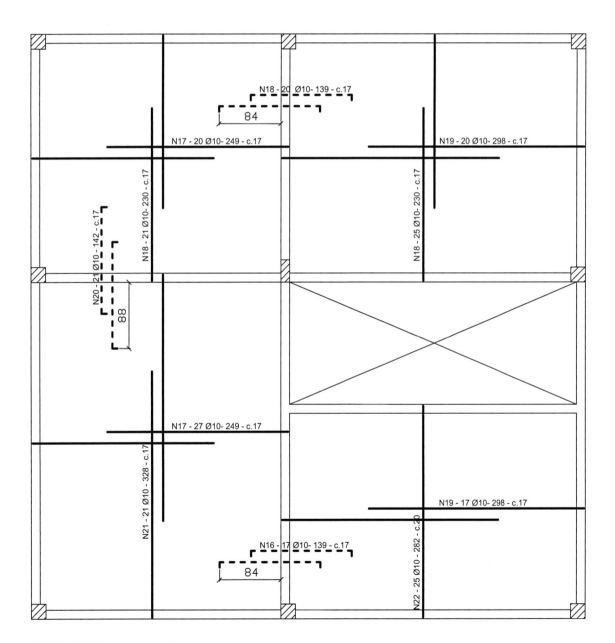

FIGURA 4.20 Planta de armação do primeiro pavimento de uma casa.

Fonte: Corrêa (2016) [3].

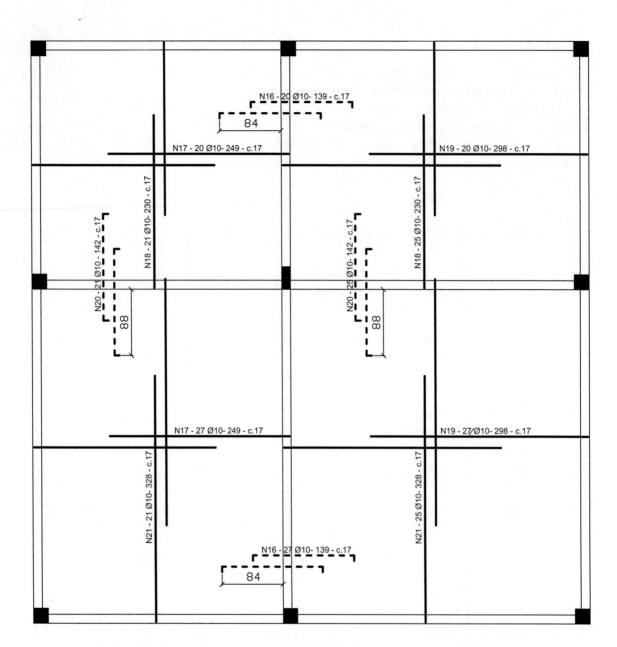

FIGURA 4.21 Planta de armação do segundo pavimento de uma casa.

Fonte: Corrêa (2016) [3].

O desenho de armação de vigas é feito em linha grossa sobre a vista lateral da viga, desenhada em linha fina, sem cotas. A escala usual é 1:50. Para detalhamento das barras, são feitas translações das mesmas para cima e para baixo das vigas. Os estribos podem ser detalhados ao lado da viga ou outro local.

É comum encontrar, em vigas antigas, barras inferiores dobradas a 45° com a horizontal próximo aos apoios, onde o momento fletor se anula ou se reduz em valor, para combater os maiores esforços cortantes que surgem. Outra forma é diminuir o espaçamento entre estribos próximos aos apoios neste caso.

Duas barras inferiores permanecem retas, unindo os apoios.

Quando a viga tem mais que dois apoios (vigas contínuas) surgem momentos fletores negativos, combatidos por armações negativas.

As barras superiores de distribuição e fixação dos estribos trabalham à compressão e não levam ganchos.

O comprimento de uma barra direta longitudinal submetida à tração é igual ao resultado do cálculo do comprimento da barra de laje (Tabela 4.3) mais o comprimento de gancho (Tabela 4.2). A barra direta longitudinal que não for submetida à tração terá comprimento igual ao resultado do cálculo do comprimento da barra de laje. Para as demais barras, o comprimento dependerá da decalagem do diagrama de momento fletor considerada no cálculo estrutural.

A quantidade de estribos de uma viga é calculada pela seguinte fórmula, sendo o resultado dado em números inteiros, sempre aproximando para mais:

$$\text{quantidade} = \frac{\text{vão da viga} - 1}{\text{espaçamento}}$$

Características do desenho de armação de vigas:

- linha contínua grossa para armaduras longitudinais positivas e negativas
- linha contínua grossa para estribos
- linha fina para a planta de formas
- linha fina para cotas de posição das armaduras
- texto da especificação da armadura com fonte de tamanho 2 mm
- cota da posição da armadura com fonte de tamanho 2 mm
- desenho do estribo com as medidas de seus lados
- medidas dos lados do estribo com fonte de tamanho 2 mm
- escala em 1:50

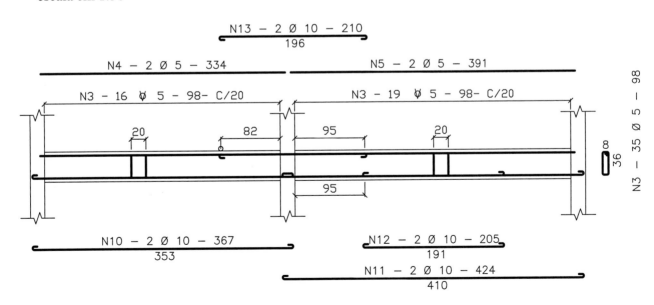

FIGURA 4.22 Planta de armação de uma viga.

Fonte: Corrêa (2016) [3].

O detalhamento do desenho de armação de pilar é feito em seção transversal. A escala usual é 1:20. Os pilares do mesmo pavimento devem ficar na mesma prancha da planta de armação das lajes desse andar.

O comprimento das barras longitudinais é igual à distância entre pisos mais o comprimento de emenda. O comprimento do estribo é igual aos dos quatro lados mais o dos dois ganchos. A quantidade de estribos é calculada pela fórmula a seguir, sempre aproximando para mais a fim de obter unidade inteira:

$$\text{quantidade} = \frac{\text{distância entre pisos} - 1}{\text{espaçamento}}$$

Características do desenho de armação de pilares:

- desenho das bitolas da armadura longitudinal em seção do pilar
- linha contínua grossa para estribos
- linha fina para os lados da seção do pilar
- linha fina para linhas de indicação de posição das armaduras longitudinais na seção do pilar
- texto da especificação da armadura com fonte de tamanho 2 mm
- desenho do estribo com as medidas de seus lados
- medidas dos lados do estribo com fonte de tamanho 2 mm
- escala em 1:20

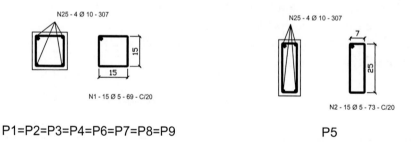

FIGURA 4.23 Planta de armação de pilares de um pavimento.

Fonte: Corrêa (2016) [3].

O desenho de armação de escada é feito em linha grossa sobre a vista lateral da escada, desenhada em linha fina, sem cotas. A escala usual é 1:50.

Para detalhamento das barras, são feitas translações das mesmas para cima e para baixo da escada.

O mesmo procedimento é adotado para o caso de rampas, pois tanto a escada quanto a rampa são lajes inclinadas.

Características do desenho de armação de escadas:

- linha contínua grossa para armaduras longitudinais positivas e negativas
- linha fina para a planta de formas
- linha fina para indicação de armaduras

- texto da especificação da armadura com fonte de tamanho 2 mm
- escala em 1:50

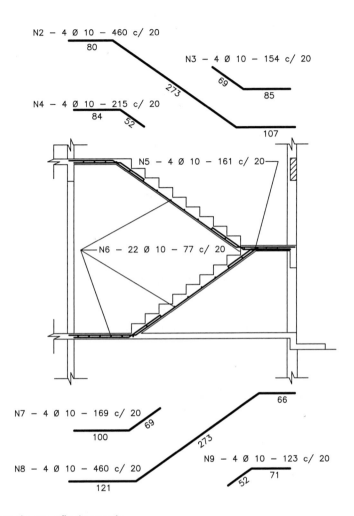

FIGURA 4.24 Planta de armação de escada.

Fonte: Corrêa (2016) [3].

O procedimento para o desenho da armação das paredes do reservatório (cisterna e caixa d'água) é o mesmo usado para lajes, assim como o piso e o teto.

Para o caso de reservatório enterrado (cisterna), deve-se usar armadura dupla nas paredes e no piso para combater o momento fletor causado pela pressão da água quando o reservatório estiver cheio e pelo empuxo do terreno quando a cisterna estiver vazia.

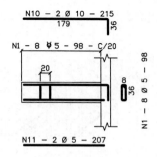

FIGURA 4.25 Planta de armação de parede de uma cisterna.

Fonte: Corrêa (2016) [3].

Toda a planta de armação acompanha uma lista de ferros e cada prancha de armação contém duas tabelas (Tabela 4.4):

- A primeira tabela apresenta o comprimento total das barras por diâmetros (usada na obra)
- A segunda tabela apresenta o peso total das barras por diâmetro (para compra de ferros pelo setor de compras da empresa construtora)

O tamanho da fonte das informações e dos valores das tabelas é 2 mm e as linhas são médias e contínuas.

TABELA 4.4 Exemplo de tabelas de armação

Tabela de ferragem				
N	Ø	Q	Comprimento	
			Unit (cm)	Total (m)
1	5	240	69	165,60
2	5	30	73	21,90
3	5	439	98	430,22
4	5	18	334	60,12
5	5	18	391	70,38
6	5	2	411	8,22
7	5	18	439	79,02
8	5	18	301	54,18
–	–	Total		889,64
9	10	36	348	125,28
10	10	12	367	44,04
11	10	14	424	59,36
12	10	7	205	14,35
13	10	4	210	8,40
14	10	12	472	56,64
15	10	4	229	9,16
16	10	12	334	40,08
17	10	4	214	8,56

(continua)

(*continuação*)

Tabela de ferragem				
N	Ø	Q	Comprimento	
^	^	^	Unit (cm)	Total (m)
18	10	84	139	116,76
19	10	94	249	234,06
20	10	94	230	216,20
21	10	84	298	250,32
22	10	67	142	95,14
23	10	67	328	219,76
24	10	25	282	70,50
25	10	36	307	110,52
–	–		Total	1.679,13

Tabela dos pesos		
Bitola (Ø)	Comprimento total (m)	Peso total (kg)
5	889,64	124,55
10	1.679,13	940,31

Fonte: Corrêa (2016) [3].

4.4 Organização dos desenhos de estrutura de concreto armado em prancha

A legenda das pranchas do jogo de plantas de estrutura é particular e padronizada pelo escritório responsável pelo projeto, por isso há um espaço para logotipo, nome e endereço da firma. Essa legenda deve conter informações sobre o tipo de projeto, endereço do imóvel, número da prancha, desenhos contidos, data, número da revisão do projeto, escala dos desenhos, proprietário do imóvel, responsável pelo projeto, responsável pelo desenho, nome do revisor, além de campos para inserir o número do processo, número da Anotação de Responsabilidade Técnica (ART), nome do arquivo digital do projeto, observações e vistos. A distância horizontal da legenda é de 175 mm para pranchas A0, A1 e A2 e 120 mm para papel A2 e A3. A sua distância vertical pode variar conforme a quantidade de informações necessárias, como na Figura 4.26.

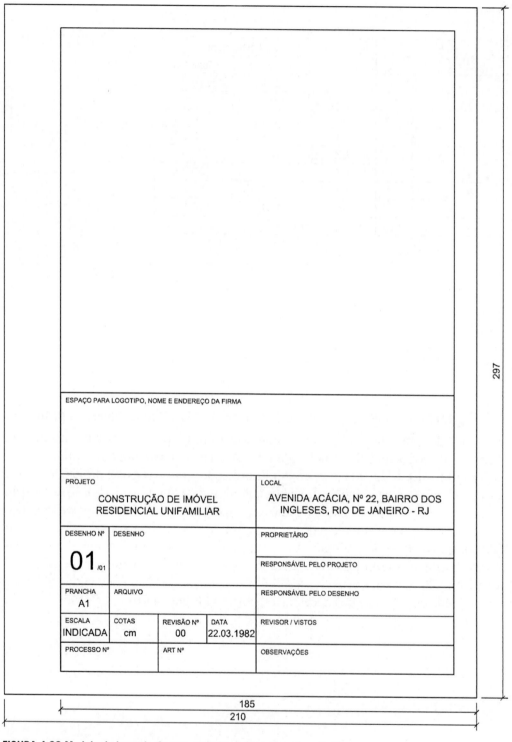

FIGURA 4.26 Modelo de legenda de uma prancha de desenhos de estrutura.

Fonte: Corrêa (2016) [3].

Devem ser feitos dois jogos de plantas, um de formas e outro de armações, com seus respectivos desenhos. No canteiro de obras, o jogo de planta de formas é entregue ao setor de carpintaria e o de armação, ao setor de serralheria.

Não se mistura desenho de formas com desenho de armação numa mesma prancha, pois o setor de carpintaria não usará os desenhos de armações e para o setor de serralheria será duplicidade de informação, podendo confundir.

80 CAPÍTULO 4 Desenho de Estrutura de Concreto Armado

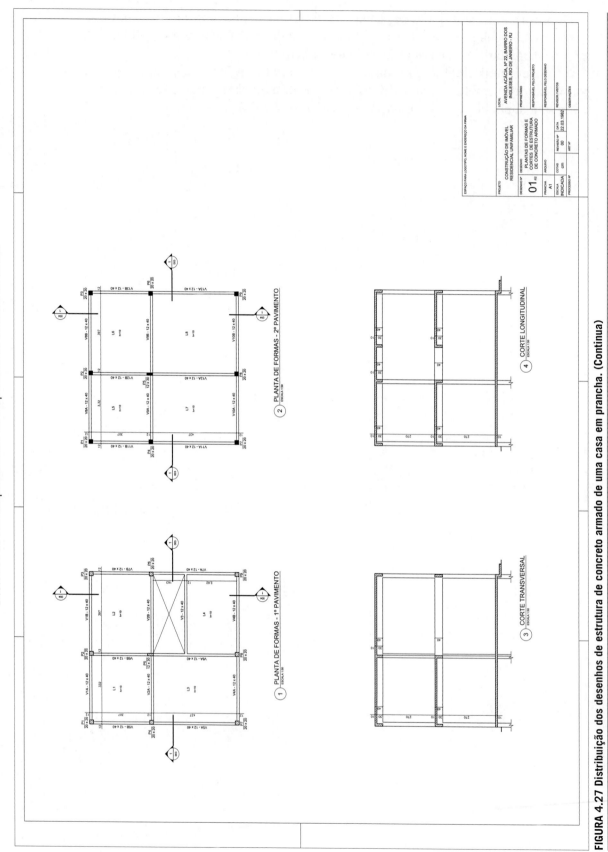

FIGURA 4.27 Distribuição dos desenhos de estrutura de concreto armado de uma casa em prancha. (Continua)

Fonte: Corrêa (2016) [3].

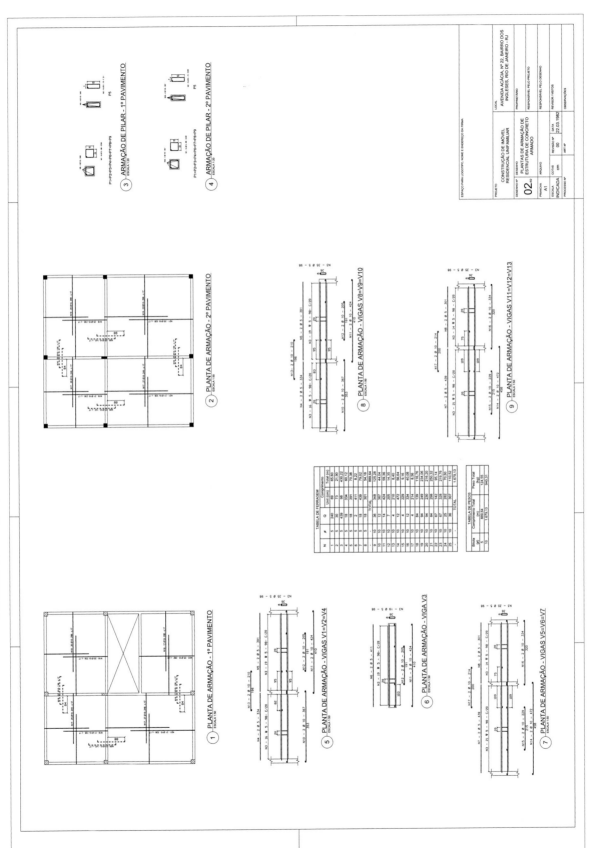

FIGURA 4.27 Distribuição dos desenhos de estrutura de concreto armado de uma casa em prancha. (Continuação)

Fonte: Corrêa (2016) [3].

CAPÍTULO

5

Desenho de Locação de Pilares e Fundações

5.1 Locação de pilares

Antes de começar a edificar, é preciso localizar corretamente as posições principais do edifício a ser construído. A parte do projeto que auxilia o posicionamento correto do edifício é a planta de locação. Através dessa planta, são feitas marcações no terreno usando pequenas estacas e fios aprumados, com auxílio de instrumentos (trenas, bússolas, gabaritos, teodolitos, entre outros).

O tipo de locação vai depender das características estruturais e do tipo de fundação do edifício a ser construído.

Os pilares podem ser localizados pelo eixo ou pelo vértice dominante. O problema de localizar pelo eixo nem sempre é possível, quando se tem um pilar de forma diferenciada que dificulta esse tipo de localização.

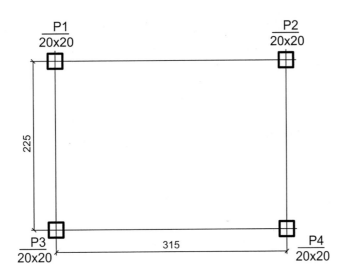

FIGURA 5.1 Locação da obra pelo eixo do pilar.

Fonte: Corrêa (2016) [4].

A locação de pilares por vértice dominante é interessante tanto pela facilidade de se localizar um pilar como para determinar o vértice do pilar que será aprumado até o último andar. Como sabemos, um pilar pode ter sua seção reduzida ao longo dos andares, pois sua carga diminui a cada andar superior. A forma de como se dará a redução da seção é definida fixando-se pelo menos um dos vértices do pilar.

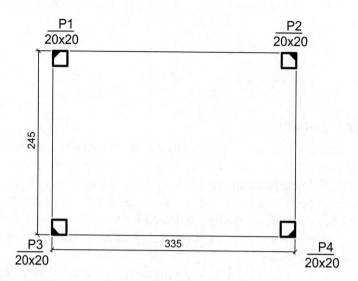

FIGURA 5.2 Locação da obra pelo vértice dominante do pilar.
Fonte: Corrêa (2016) [4].

Existe também a solução com paredes autoportantes que dispensam o uso de pilares e vigas. Essas paredes são feitas de alvenaria estrutural e as lajes são apoiadas sobre elas. Para este caso, as paredes são localizadas pelos seus respectivos eixos ou uma de suas faces.

Características do desenho de locação de pilares:

- linha grossa para pilares cortados
- linha fina para alinhamento dos vértices com mesma característica de linha de extensão de cota
- numeração, dimensões de pilar com fonte de tamanho 2,5 mm
- indicação do vértice dominante por um triângulo isósceles retângulo com hachura sólida
- cotas com fonte de tamanho 2 mm
- cotas alinhadas
- escala em 1:50

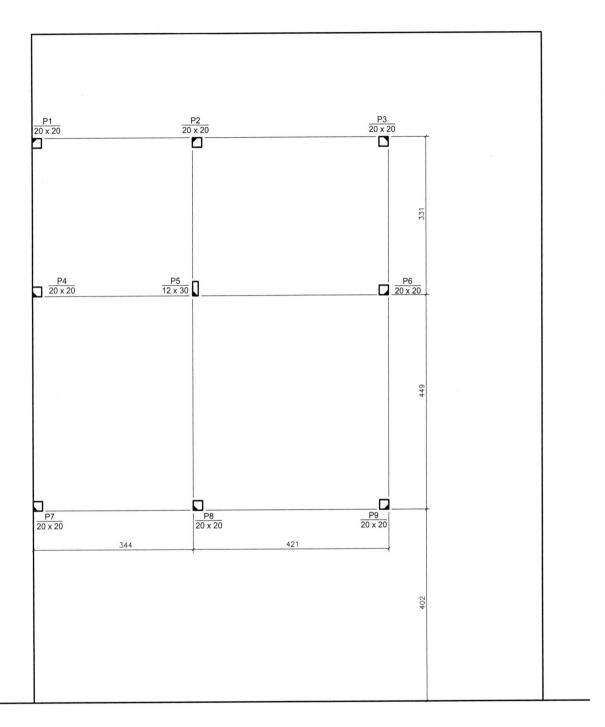

FIGURA 5.3 Locação de pilares de uma casa.

Fonte: Corrêa (2016) [4].

5.2 Plantas de formas de fundação

As fundações se classificam em rasas (radier, baldrame, bloco, sapata) ou profundas (estaca, tubulão), adotadas conforme o carregamento que elas transmitirão para o terreno e as pressões admissíveis das camadas do solo. São retiradas amostras de diferentes pontos e profundidades do terreno para se identificar as camadas do solo (sondagem). Essas amostras são levadas para ensaios no laboratório para identificar suas características físicas, incluindo testes para identificar suas respectivas pressões admissíveis.

A seguir, são apresentados alguns tipos de fundações usadas com frequência em obras de edifícios.

Radier é uma laje de concreto armada que transmite as cargas de pilares ou sapatas ao solo e possui as dimensões da área ocupada do primeiro pavimento do edifício. Nesta solução, procura-se distribuir a carga do edifício uniformemente sobre o terreno. Muitas vezes o radier se apresenta pouco econômico devido à grande quantidade de concreto necessária para executá-lo, apesar de ser uma fundação relativamente fácil de ser executada.

A espessura do radier é a partir de 15 cm.

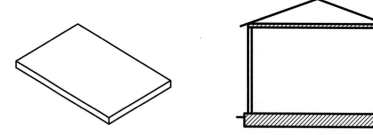

FIGURA 5.4 Radier em perspectiva e corte.

Fonte: Corrêa (2016) [4].

Baldrame é uma fundação composta de pedras ou de vigas de concreto simples ou armado enterradas, dispostas ao longo do perímetro e de eixos principais do edifício. Atua em conjunto com os pisos de concreto assentados sobre o terreno.

As dimensões do baldrame são normalmente 30 cm x 60 cm, dependendo da pressão admissível de resistência do solo.

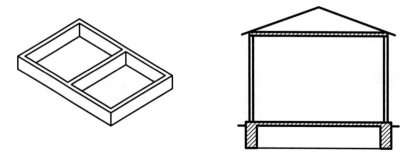

FIGURA 5.5 Baldrame em perspectiva e corte.

Fonte: Corrêa (2016) [4].

A sapata corrida é empregada normalmente para receber as ações verticais de muros, paredes e elementos alongados que transmitam carregamento uniformemente distribuído numa só direção. A sapata se diferencia do baldrame pelo formato e pode receber um carregamento maior, pois sua base alargada alivia a pressão da carga transmitida no solo.

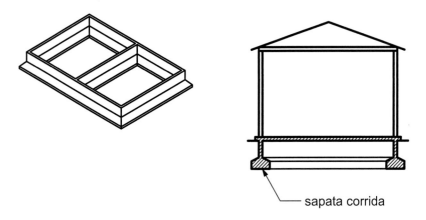

FIGURA 5.6 Sapatas corridas em perspectiva e corte.

Fonte: Corrêa (2016) [4].

Bloco e sapata isolada são fundações que recebem a carga de um pilar e apresentam uma área maior que a seção deste, de modo que a carga deste seja adequadamente transmitida ao terreno. A sapata se diferencia do bloco pela sua forma de tronco de pirâmide. Tanto blocos como sapatas devem estar ligados por cintas, que são vigas enterradas que impedem o deslocamento horizontal dessas fundações. Essa ligação das cintas é no pescoço do pilar.

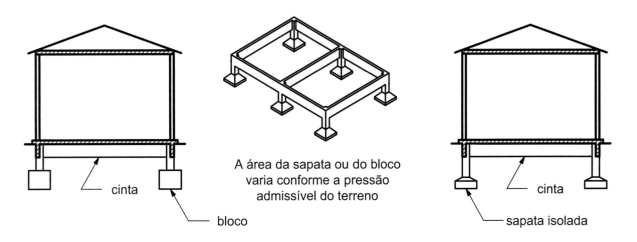

FIGURA 5.7 Blocos e sapatas isoladas em perspectiva e corte.

Fonte: Corrêa (2016) [4].

A inclinação máxima das faces do tronco de pirâmide da sapata é 1:3 e a altura mínima da sua base é igual a 20 cm.

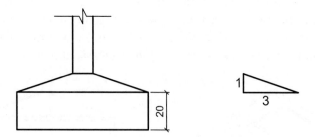

FIGURA 5.8 Detalhe de inclinação e espessura de sapata.
Fonte: Corrêa (2016) [4].

Existem casos em que o limite do terreno do vizinho impede a construção da sapata na sua forma clássica. Para isso, são projetadas sapatas excêntricas que necessitam de uma viga de equilíbrio para combater o esforço de momento que é bastante alto na extremidade da sapata oposta ao limite do terreno.

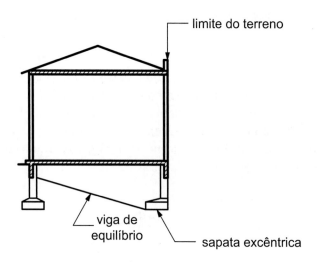

FIGURA 5.9 Sapata excêntrica e viga de equilíbrio.
Fonte: Corrêa (2016) [4].

Quando as fundações rasas não são suficientes para estabilizar o edifício no terreno, são adotadas fundações profundas como estacas. Existem diversos tipos de estaca. Podem ser de madeira, perfil de aço e concreto armado. As estacas de concreto armado podem ser pré-fabricadas ou moldadas no local.

A estaca transmite os esforços do pilar através do atrito de sua superfície e o solo, tendo também uma resistência de ponta.

Entre a estaca e o pilar, existe um bloco de coroamento que faz a fixação e transição desses dois elementos estruturais. Um bloco de coroamento pode ter um conjunto de estacas.

Em edifícios altos, por causa do carregamento gerado pela ação do vento, as estacas são cravadas ou posicionadas inclinadas para melhor transmitir esses esforços adicionais para o terreno.

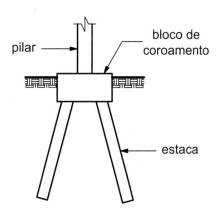

bloco de coroamento com 3 estacas

bloco de coroamento com 4 estacas

FIGURA 5.10 Estacas e bloco de coroamento.

Fonte: Corrêa (2016) [4].

Às vezes o terreno possui alagamento ou um lençol d'água com nível próximo ao do terreno. Nesse caso, é preferível usar tubulão que também é usualmente empregado em fundações de pontes. O tubulão é executado cravando-se um tubo de aço no terreno. A terra é escavada dentro do tubulão até a profundidade calculada em projeto.

Para os casos de obras debaixo d'água, são usadas campândulas de pressão instaladas na parte superior do tubo. A pressão da campândula deve ser suficiente para impedir a entrada d'água na parte inferior do tubo, de forma a permitir o trabalho de escavação para a fundação dentro do tubo. Existem processos automatizados que dispensam o uso de campândulas e mão de obra para a escavação.

Depois de escavado, coloca-se a armadura dentro do tubo e concreta-se. O tubo, que também é conhecido como camisa, pode ser reaproveitável ou não.

Da mesma forma que as estacas, os tubulões possuem bloco de coroamento, de forma a uni-los e fazer a transição com o pilar.

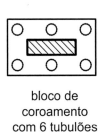 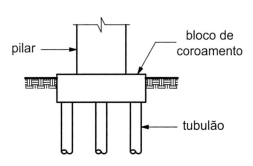

bloco de coroamento com 6 tubulões

FIGURA 5.11 Tubulões e bloco de coroamento.

Fonte: Corrêa (2016) [4].

O desenho de planta de formas de fundação obedece às mesmas características de um desenho de formas de estrutura de concreto armado de um pavimento. A seguir, é apresentado o caso de planta de formas de sapatas como exemplo.

Características do desenho de planta de formas:

- linha grossa para pilares cortados
- linha média para cintas e sapatas
- linha fina para linhas de interrupção
- numeração, dimensões da seção de cinta e de sapata com fonte de tamanho 2,5 mm
- cotas com fonte de tamanho 2 mm
- cotas alinhadas dos vãos entre cintas com as de espessura de cintas
- escala em 1:50

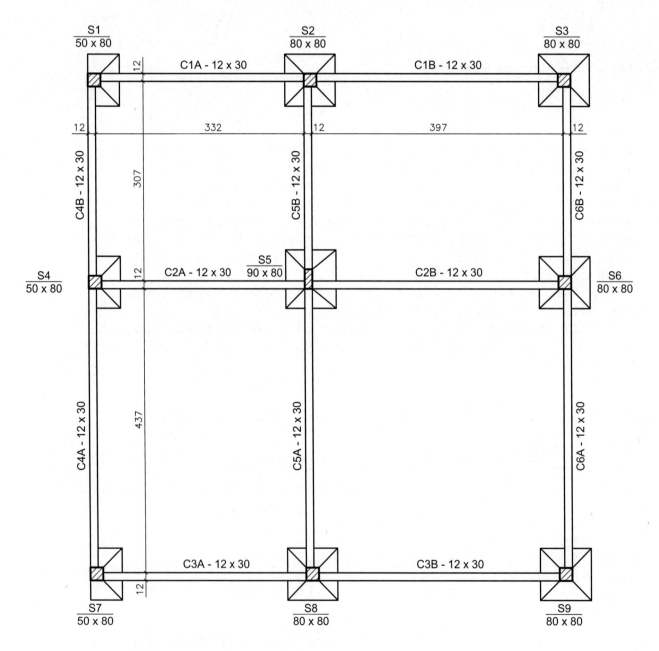

FIGURA 5.12 Fundações em sapatas de uma casa.

Fonte: Corrêa (2016) [4].

Na Figura 5.12, devido às sapatas excêntricas, as cintas C1A, C2A e C3A são vigas de equilíbrio, portanto com altura variável.

Cada tipo de sapata da fundação deve ter o desenho de detalhe de forma, como mostra a Figura 5.13.

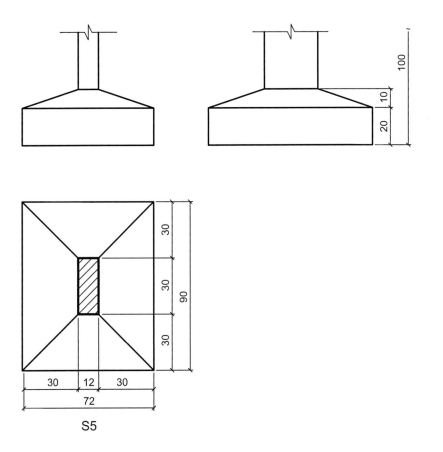

FIGURA 5.13 Planta de forma de uma sapata.

Fonte: Corrêa (2016) [4].

5.3 Plantas de armação de fundação

Os critérios dos desenhos de armação para sapatas e cintas é o mesmo adotado para pilares e vigas, respectivamente, conforme mostrado nas Figuras 5.14 e 5.15.

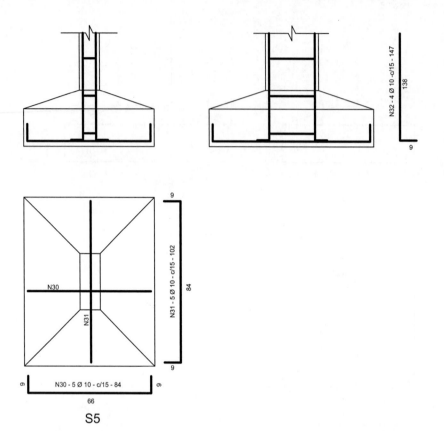

FIGURA 5.14 Planta de armação de uma sapata.

Fonte: Corrêa (2016) [4].

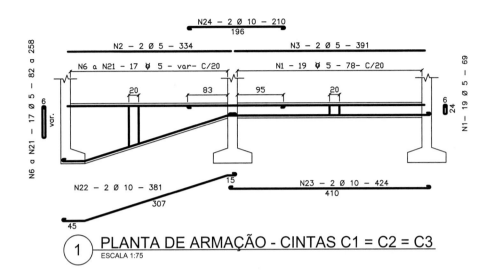

① **PLANTA DE ARMAÇÃO - CINTAS C1 = C2 = C3**
ESCALA 1:75

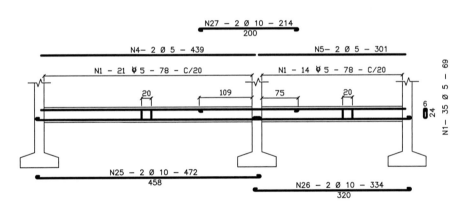

② **PLANTA DE ARMAÇÃO - CINTAS C4 = C5 = C6**
ESCALA 1:75

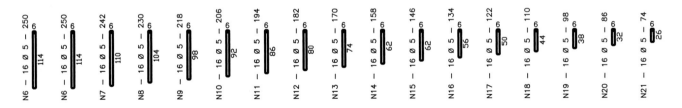

③ **ESTRIBOS DAS VIGAS DE EQUILÍBRIO - C1A = C2A = C3A**
ESCALA 1:75

FIGURA 5.15 Plantas de armações de cintas e viga de equilíbrio.

Fonte: Corrêa (2016) [4].

Para planta de fundações em estacas ou tubulões, procede-se da mesma forma usada para a planta baixa de fundações em sapatas. Para a planta de detalhe de forma do bloco de coroamento, cotam-se as dimensões do bloco, a posição dos eixos das estacas ou tubulões e do pilar. As armações do bloco de coroamento e das estacas ou tubulões devem ser detalhadas.

5.4 Organização dos desenhos de locação de pilares e fundações em prancha

Devem ser feitos três jogos de plantas, um de locação de pilares, um de formas e um de armações, com seus respectivos desenhos. No canteiro de obras, o desenho de locação é entregue ao pessoal que fará a marcação da localização dos pilares na obra; o jogo de planta de formas é entregue ao setor de carpintaria e o de armação, ao setor de serralheria.

Não se mistura desenho de formas com desenho de armação numa mesma prancha, pois o setor de carpintaria não usará os desenhos de armações e para o setor de serralheria será duplicidade de informação, podendo confundir. Da mesma forma, não se deve juntar o desenho de locação de pilares na mesma prancha onde estão os desenhos de formas ou de armação das fundações.

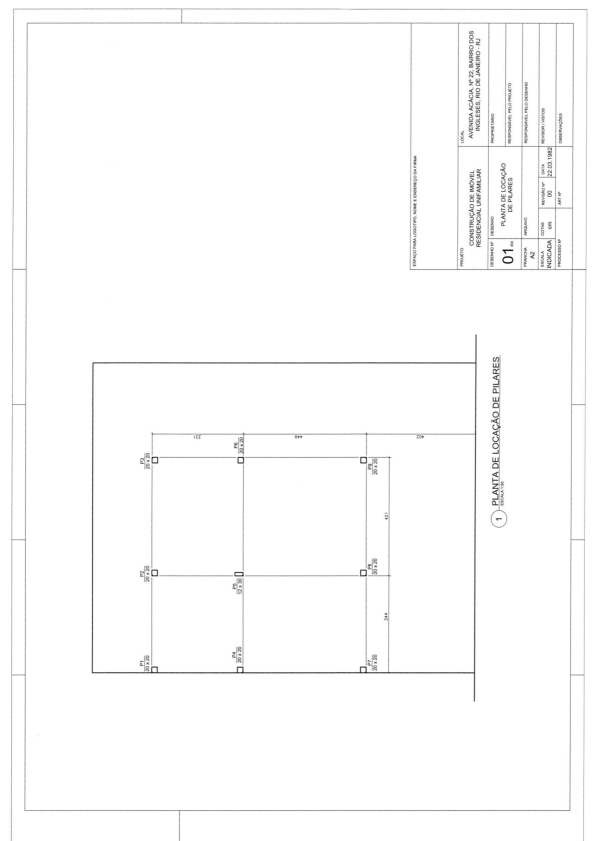

FIGURA 5.16 Organização dos desenhos de locação de pilares e fundações. (Continua)

Fonte: Corrêa (2016) [4].

98 CAPÍTULO 5 Desenho de Locação de Pilares e Fundações

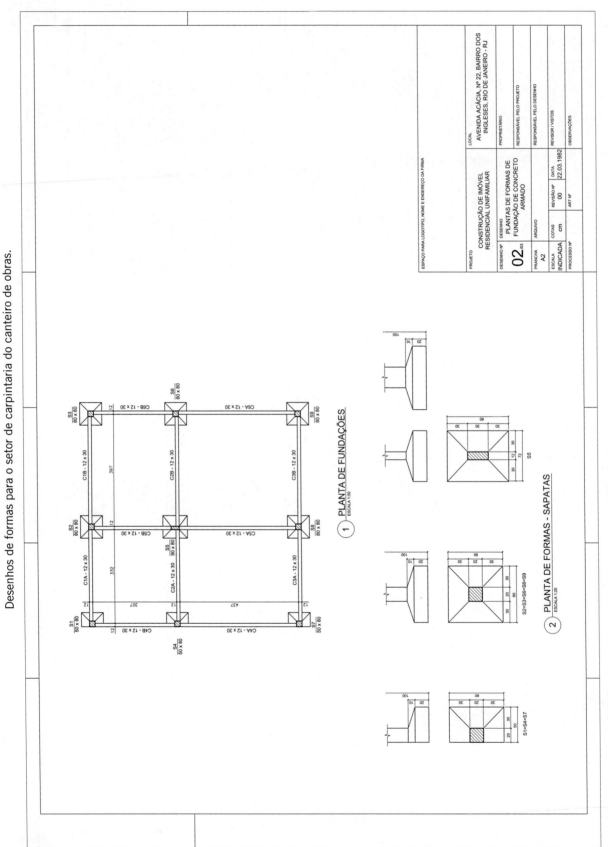

FIGURA 5.16 Organização dos desenhos de locação de pilares e fundações. (Continua)

Fonte: Corrêa (2016) [4].

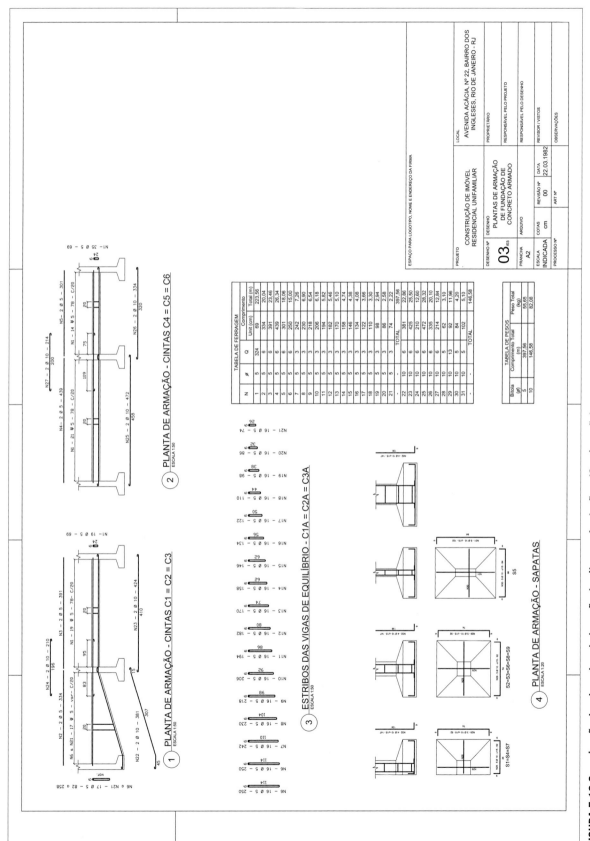

FIGURA 5.16 Organização dos desenhos de locação de pilares e fundações. (Continuação)

Fonte: Corrêa (2016) [4].

CAPÍTULO

6

Desenho de Estrutura de Madeira

A madeira tem muitas aplicações na construção, seja em instalações e em estruturas provisórias ou definitivas. No segundo caso, além da resistência, deve-se considerar o tratamento e proteção adequada à madeira, de modo que ela não seja afetada por umidade, infiltração, fungos nem insetos ou outros animais, e resista à ação de intempéries quando exposta.

Para estruturas, são usadas madeiras que possuem as melhores propriedades de resistência a esforços solicitados de longa duração.

As peças de madeira são fabricadas nas serrarias com dimensões padronizadas, o que facilita ao encomendar os itens necessários para a construção, minimizando desperdício e emendas, quando a estrutura é bem projetada e executada. A seguir, estão relacionadas algumas peças estruturais de madeira com suas dimensões padronizadas em centímetros.

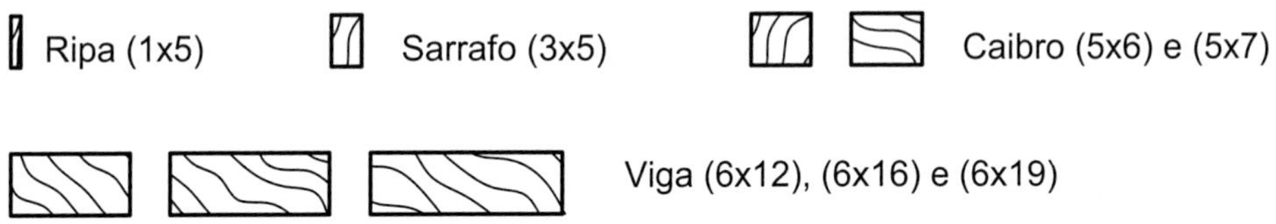

Ripa (1x5)   Sarrafo (3x5)   Caibro (5x6) e (5x7)

Viga (6x12), (6x16) e (6x19)

FIGURA 6.1 Tipos de peças de madeira.

Fonte: Corrêa (2016) [5].

Alguns elementos de ligação como pregos, parafusos e grampos são bastante empregados nas estruturas de madeira. No entanto, muitas vezes é necessário fazer cortes e entalhes na madeira, de modo a reforçar a ligação dos componentes estruturais com base nas propriedades de resistência da madeira e da direção dos esforços normais e cortantes.

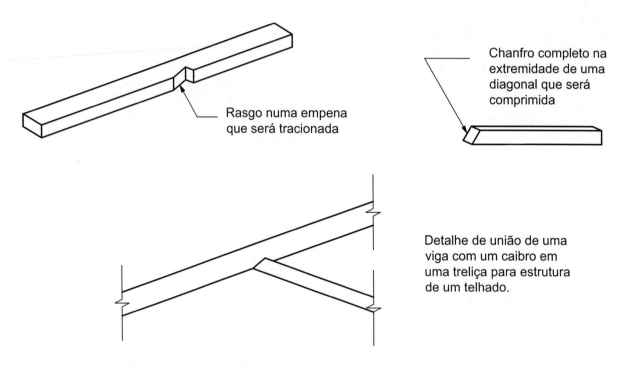

FIGURA 6.2 Emendas de peças de madeira por rasgo e chanfro.

Fonte: Corrêa (2016) [5].

Os grampos servem para reforçar a união das peças e evitar que haja deslizamento na direção ortogonal aos esforços normais (flexão e compressão) das peças.

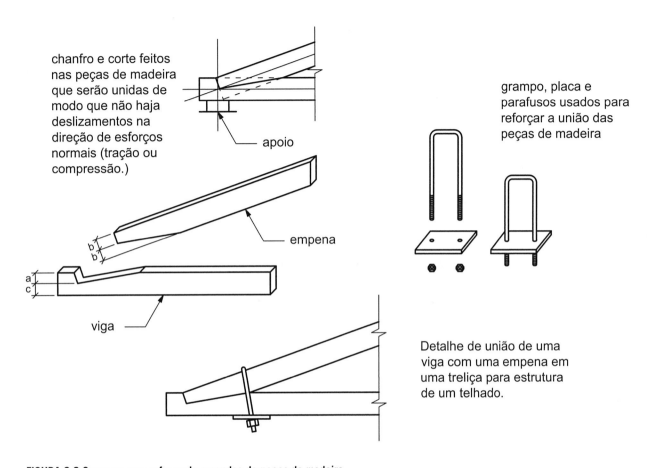

FIGURA 6.3 Grampos para reforço de emendas de peças de madeira.
Fonte: Corrêa (2016) [5].

Os pregos servem para unir uma peça de madeira de pequena espessura a uma de maior espessura.

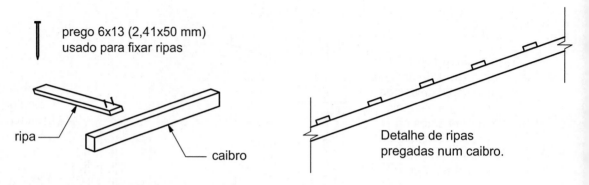

FIGURA 6.4 Pregos para ligação de peças de madeira.

Fonte: Corrêa (2016) [5].

O chafuz é uma peça que auxilia no apoio de peças que tendem a tombar. Pode ser fixado através de pregos. Sua seção é um triângulo retângulo no qual a medida da base é o dobro da altura do triângulo. É obtido através de um corte na diagonal da seção de uma viga.

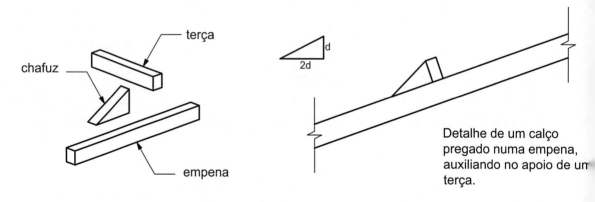

FIGURA 6.5 Chafuz para estabilização de terças de madeira.

Fonte: Corrêa (2016) [5].

Num telhado, as telhas são assentadas sobre as ripas que são pregadas sobre os caibros. Estes são apoiados sobre as terças que podem ser apoiadas e fixadas nas paredes externas.

No entanto, o peso próprio do telhado (telhas e estrutura de madeira) muitas vezes implica na construção de treliças (tesouras) para vencer vãos sem que haja deformações indesejáveis. Essas treliças são posicionadas, dividindo o vão em partes iguais.

O processo de construção de treliça inicia-se fixando os apoios de madeira sobre as vigas ou laje, onde existir nó (junção de duas peças estruturais da treliça). No exemplo da Figura 6.6, existe apoio em cada extremidade e no meio.

FIGURA 6.6 Apoios da estrutura do telhado.
Fonte: Corrêa (2016) [5].

Depois assentamos uma viga de madeira sobre os apoios e montamos a treliça com as empenas, diagonais e pendural.

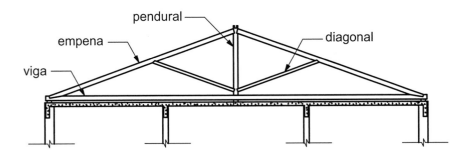

FIGURA 6.7 Viga, empenas e pendural da estrutura do telhado.
Fonte: Corrêa (2016) [5].

Instalamos as terças sobre a empena, usando chafuz para estabilizar a posição das mesmas. As terças são vigas de 6x12 para vãos até 2,50 m ou 6x16 para vãos de 2,50 a 3,50 m. Acima de 3,50 m, devem ser usadas seções maiores e fora do padrão que deverão ser fabricadas sob encomenda e, consequentemente, aumentarão o custo da construção do telhado.

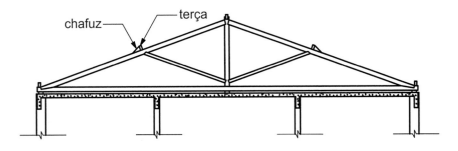

FIGURA 6.8 Chafuz e terça da estrutura do telhado.
Fonte: Corrêa (2016) [5].

Por fim, instalamos os caibros sobre as terças e pregamos as ripas nos caibros.

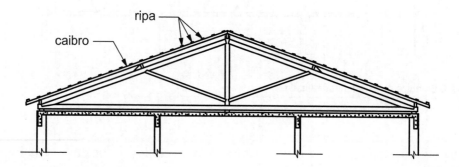

FIGURA 6.9 Ripas e caibros da estrutura do telhado.
Fonte: Corrêa (2016) [5].

As calhas do telhado podem ser fixadas na estrutura, ficando o esquema transversal da estrutura do telhado conforme a Figura 6.10.

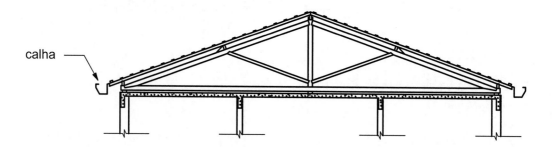

FIGURA 6.10 Esquema transversal da estrutura do telhado.
Fonte: Corrêa (2016) [5].

Para fixar as treliças horizontais, é feita uma treliça conforme o esquema longitudinal da estrutura do telhado apresentado na Figura 6.11.

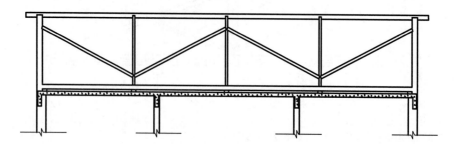

FIGURA 6.11 Esquema longitudinal da estrutura do telhado.
Fonte: Corrêa (2016) [5].

O pendural é uma peça tracionada, tanto no perfil transversal como no longitudinal da estrutura, o que define a forma de seus rasgos próximos às suas extremidades. Para evitar que a redução de sua seção junto aos nós cause o rompimento do pendural, são feitos reforços com placas e parafusos.

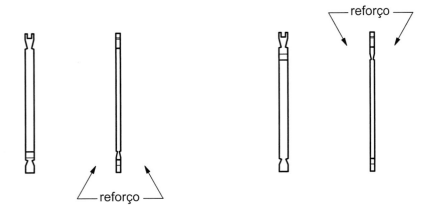

FIGURA 6.12 Reforços do pendural.

Fonte: Corrêa (2016) [5].

Deve haver uma pequena folga entre o pendural e a viga, sem apoiá-lo na mesma. As terças servem para diminuir o vão dos caibros, evitando a deformação indesejada deles devido ao carregamento causado pelas telhas. O tipo de madeira usado na estrutura do telhado define os vãos máximos das peças para que as mesmas não sofram deformações indesejadas. Existem diversos tipos de treliças para telhado com outras soluções para os nós e uso de peças.

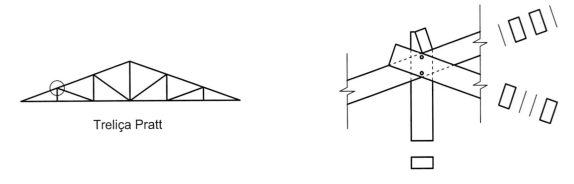

FIGURA 6.13 Treliça Pratt com chafuz.

Fonte: Corrêa (2016) [5].

Os pilares de madeira podem ser de uma ou mais peças de madeira maciça. As dimensões da seção do pilar vão depender da resistência aos esforços submetidos.

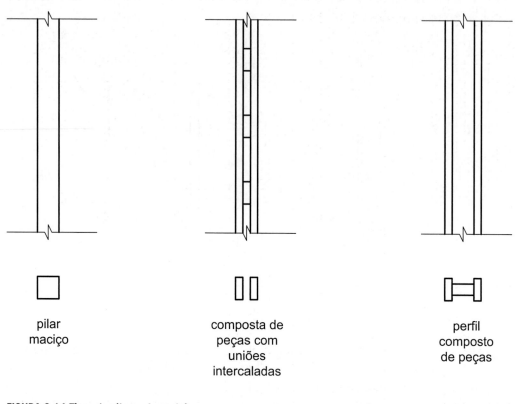

FIGURA 6.14 Tipos de pilares de madeira.
Fonte: Corrêa (2016) [5].

Para combater flambagem de pilares esbeltos de madeira, são usados contraventamentos.

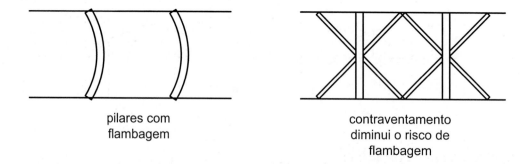

FIGURA 6.15 Uso de contraventamento para combater flambagem do pilar.
Fonte: Corrêa (2016) [5].

Da mesma forma que os pilares, as vigas de madeira podem apresentar as mesmas composições para suas seções: maciça, composta ou em perfil.

Para as lajes de madeira, podem ser usados tábuas corridas ou compensados que são pregados sobre as vigas e vigotas de madeira. As espessuras das tábuas são, em geral, iguais a 3 cm e o vão máximo a ser vencido depende do tipo de madeira e do carregamento solicitado. No caso de uso de compensado, os pisos são assentados sobre o mesmo.

As paredes de madeira são construídas em duas etapas: uma estrutural e outra de vedação. A estrutura de parede de madeira pode possuir até nove elementos, conforme indicados a seguir.

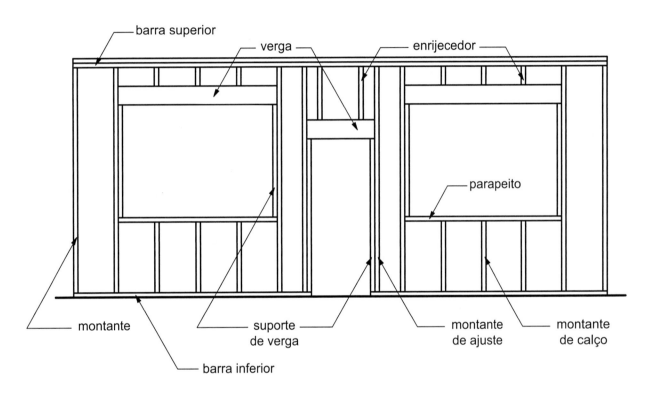

FIGURA 6.16 Estrutura de uma parede de madeira.

Fonte: Corrêa (2016) [5].

Os montantes possuem seção transversal de 5 x 10 cm até 5 x 15 cm. São espaçados de 40 a 60 cm, respeitando as medidas modulares de painéis disponíveis no mercado. Os montantes suportam esforços normais de compressão devido ao carregamento sobre a barra superior.

Para suportar cargas laterais, a estrutura da parede pode ser reforçada com barras de madeira diagonais. A estrutura da parede também pode ser reforçada nos cantos com cantoneiras de aço aparafusadas nos montantes e na barra inferior mais chumbadores na barra inferior.

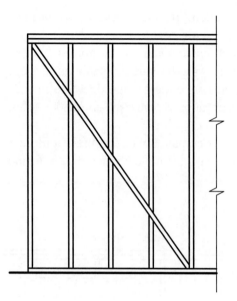 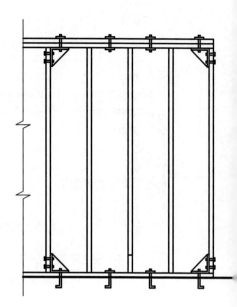

FIGURA 6.17 Reforços de estrutura de paredes de madeira contra cargas horizontais.

Fonte: Corrêa (2016) [5].

Depois de feita a estrutura da parede, são fixadas vigas ou vigotas de madeira sobre a barra superior. Após as instalações das vigas, faz-se o fechamento externo e as tábuas do piso são pregadas sobre as vigas ou vigotas.

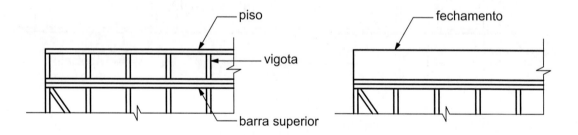

FIGURA 6.18 Detalhe de piso, vigota e barra superior de parede.

Fonte: Corrêa (2016) [5].

As vergas de portas e janelas em estrutura de parede de madeira podem ser de uma peça de madeira maciça ou duas peças maciças dispostas na vertical ou na horizontal, conforme a Figura 6.19.

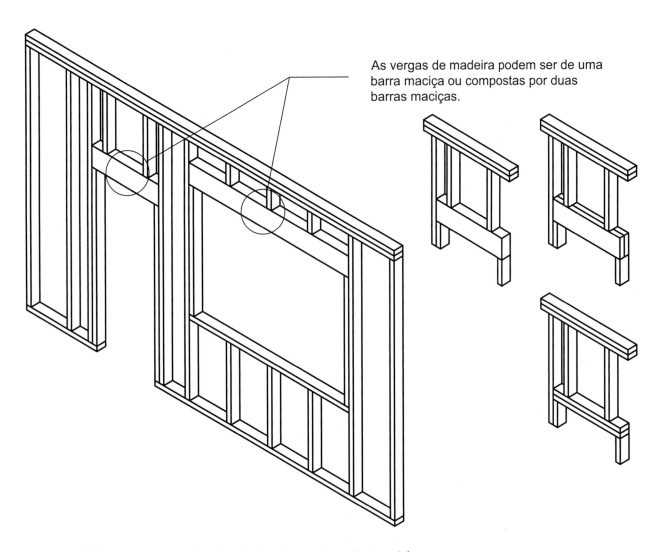

FIGURA 6.19 Tipos de vergas de portas e janelas de estrutura de parede de madeira.

Fonte: Corrêa (2016) [5].

Adota-se apenas um padrão de solução de verga para as portas e janelas, a fim de facilitar a construção dos diversos elementos estruturais. As interseções de paredes de madeira também devem ser padronizadas, conforme a Figura 6.20.

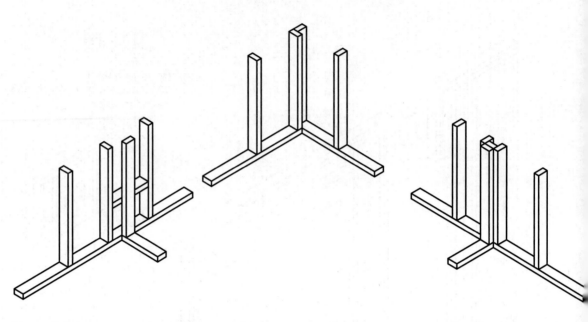

FIGURA 6.20 Desenho de detalhe de interseção de paredes de madeira.

Fonte: Corrêa (2016) [5].

As vedações das estruturas de madeira de paredes podem ser feitas por peças ou perfis dispostos na vertical ou na horizontal, conforme mostrado nas Figuras 6.21 e 6.22.

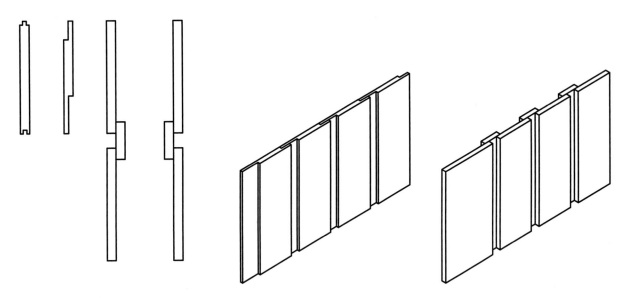

FIGURA 6.21 Desenho de detalhe de vedação de paredes com peças dispostas na vertical.

Fonte: Corrêa (2016) [5].

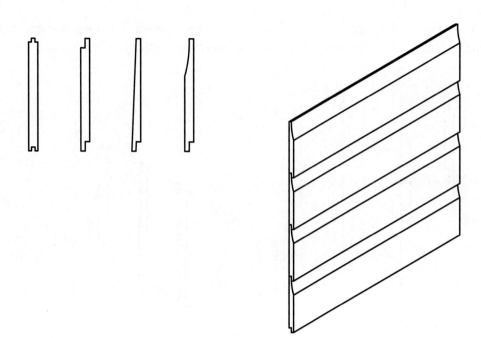

FIGURA 6.22 Desenho de detalhe de vedação de paredes com peças dispostas na horizontal.
Fonte: Corrêa (2016) [5].

Existem outros tipos de vedações, como madeiras roliças unidas por entalhe, que também são estruturais.

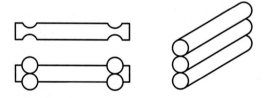

FIGURA 6.23 Madeiras roliças unidas por entalhe.
Fonte: Corrêa (2016) [5].

As vedações também podem ser feitas por painéis OSB (Oriented Strand Board), feitos por camadas de tiras de madeira orientadas perpendicularmente, coladas com resina e prensadas sob temperatura elevada. Esse tipo de compensado especial possui vantagens como baixo custo, mais qualidade, flexibilidade e rapidez na execução da obra, além de maior aproveitamento e, portanto, menor desperdício de material.

6.1 Planta de estruturas das paredes de madeira

Os desenhos das estruturas das paredes vêm acompanhados de uma planta baixa esquemática indicando a posição delas por uma numeração. As paredes iguais de um mesmo pavimento recebem o mesmo número. Por ser esquemático, esse desenho não exige escala, mas pode-se usar escala próxima ou igual a 1:200, por exemplo.

Características do desenho esquemático da planta baixa:

- linha fina para a circunferência do número da parede
- diâmetro da circunferência da numeração igual a 10 mm
- numeração na planta baixa esquemática com fonte de tamanho 2 mm
- desenho sem escala

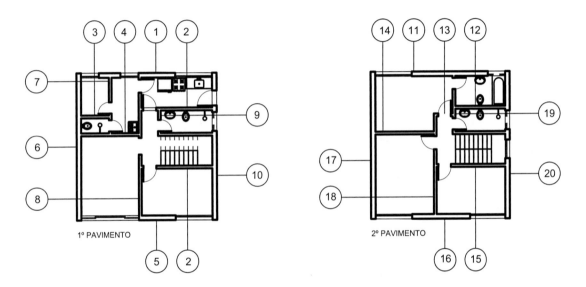

FIGURA 6.24 Plantas baixas esquemáticas dos pavimentos com numeração das paredes.

Fonte: Corrêa (2016) [5].

Os desenhos das estruturas das paredes serão dispostos em ordem de numeração na prancha. Como a estrutura da parede é toda vista, as linhas são médias (0,4 mm). As cotas são horizontais e verticais.

Características do desenho de estruturas de parede de madeira:

- linha média para as estruturas das paredes
- cotas com fonte de tamanho 2 mm
- cotas alinhadas dos vãos de portas e janelas e entre os mesmos
- cotas das distâncias entre montantes, vãos de portas e janelas
- escala em 1:50

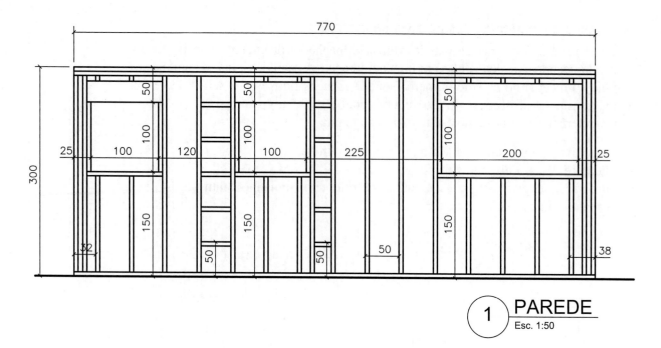

FIGURA 6.25 Desenho de estrutura de parede de madeira cotado.
Fonte: Corrêa (2016) [5].

No exemplo da Figura 6.25, a parede número 1 está encaixada entre as paredes 6 e 9. As paredes 7 e 8 são perpendiculares à parede 1 e, por isso, é feito um reforço com peças horizontais a cada 50 centímetros entre dois montantes adjacentes.

O conjunto de desenhos das estruturas das paredes vem acompanhado dos desenhos de detalhes de vergas e interseção de paredes.

Características dos desenhos de detalhes de vergas e interseção de paredes:

- linha média para as estruturas das paredes e vergas
- texto indicativo das interseções com fonte de tamanho 2 mm
- escala em 1:50 ou 1:25

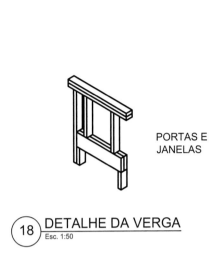
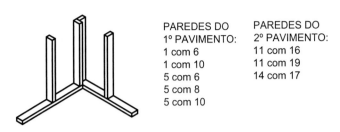
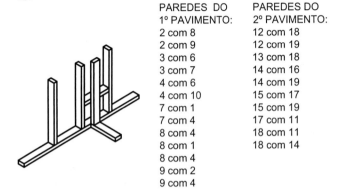

FIGURA 6.26 Desenho de detalhes de verga e interseção de paredes.
Fonte: Corrêa (2016) [5].

6.2 Desenhos de vigotas, laje e forro de madeira

As vigotas são normalmente dispostas com o menor comprimento, sempre tentando evitar emendas. Essas peças possuem o mesmo espaçamento dos montantes das paredes perpendiculares a elas, ficando alinhadas com eles.

Os dois desenhos a serem apresentados para a disposição das vigotas são corte e vista superior.

Características do desenho de corte da disposição das vigotas:

- linha média para as estruturas da barra superior e da laje
- linha grossa para as vigotas cortadas
- linha fina para as cotas
- número das cotas com fonte de tamanho 2 mm
- escala em 1:50

120 CAPÍTULO 6 Desenho de Estrutura de Madeira

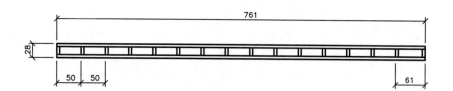

FIGURA 6.27 Desenho de corte da disposição de vigotas de um pavimento.

Fonte: Corrêa (2016) [5].

Características do desenho de vista superior da disposição das vigotas de um pavimento:

- linha média para as vigotas vistas de cima
- linha fina para as paredes do pavimento que apoiam as vigotas
- escala em 1:50 ou 1:100

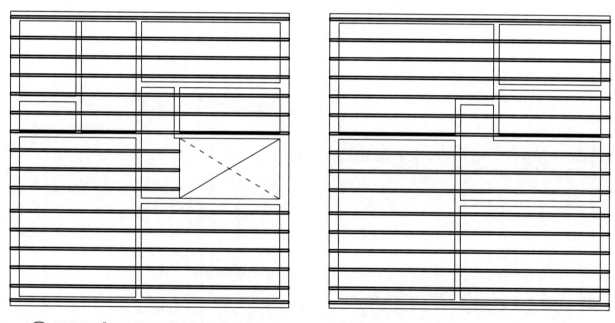

FIGURA 6.28 Desenho de vista superior da disposição de vigotas dos pavimentos de uma casa.

Fonte: Corrêa (2016) [5].

6.3 Desenho de estrutura de madeira do telhado

Os desenhos das estruturas longitudinal e transversal do telhado são em vista, portanto as peças estruturais são desenhadas em linha média. Esses desenhos vêm acompanhados da planta de cobertura.

Características do desenho de estrutura do telhado:

- linha média para as peças estruturais vistas
- texto indicativo com fonte de tamanho 2 mm
- escala em 1:50

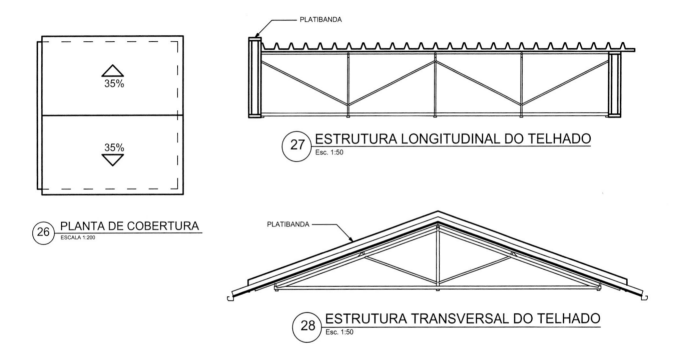

FIGURA 6.29 Desenhos de planta de cobertura e de estrutura do telhado.

Fonte: Corrêa (2016) [5].

6.4 Desenho de vedação das paredes de madeira e fachadas

Os desenhos de fachada em acompanhados do desenho de detalhe de vedação das paredes.

Características do desenho de detalhe de vedação de paredes de madeira:

- linha média para todo o desenho
- escala em 1:50 ou 1:25

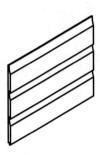

FIGURA 6.30 Desenho de detalhe de vedação de parede de uma casa.

Fonte: Corrêa (2016) [5].

Conforme visto em desenho de arquitetura, a fachada é uma vista e, portanto, será desenhada em linha média e seus detalhes, no caso os da vedação das paredes, em linha fina.

Características do desenho de fachada de casa de madeira:

- linha grossa para o traço do nível do terreno
- linha média para contornos principais e de portas e janelas
- linha fina para desenhos de detalhe de portas, janelas, revestimentos, vedação de paredes e outros
- linha fina para contornos principais de parte recuada da fachada.
- escala em 1:50

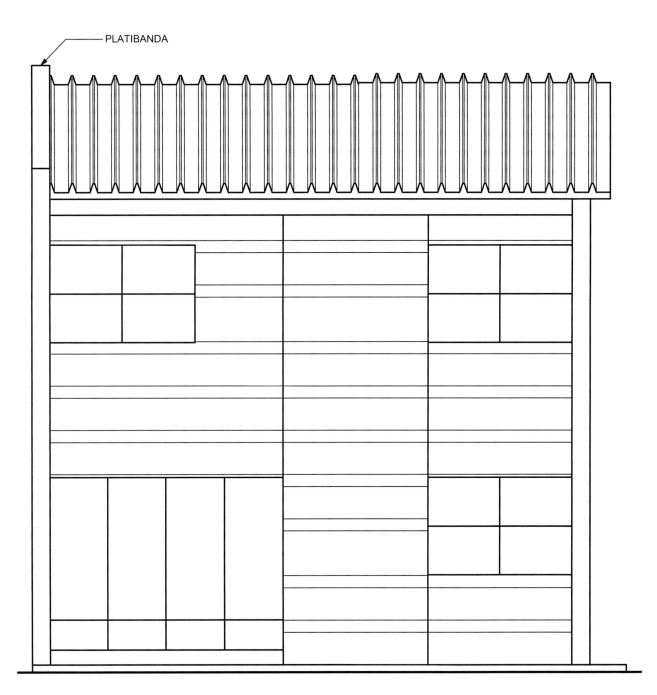

FIGURA 6.31 Desenho de fachada frontal de uma casa de madeira.
Fonte: Corrêa (2016) [5].

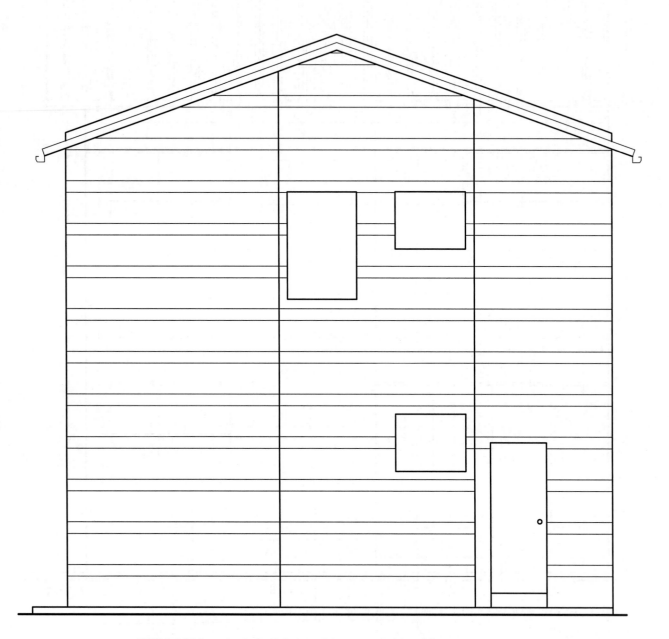

FIGURA 6.32 Desenho de fachada lateral de uma casa de madeira.
Fonte: Corrêa (2016) [5].

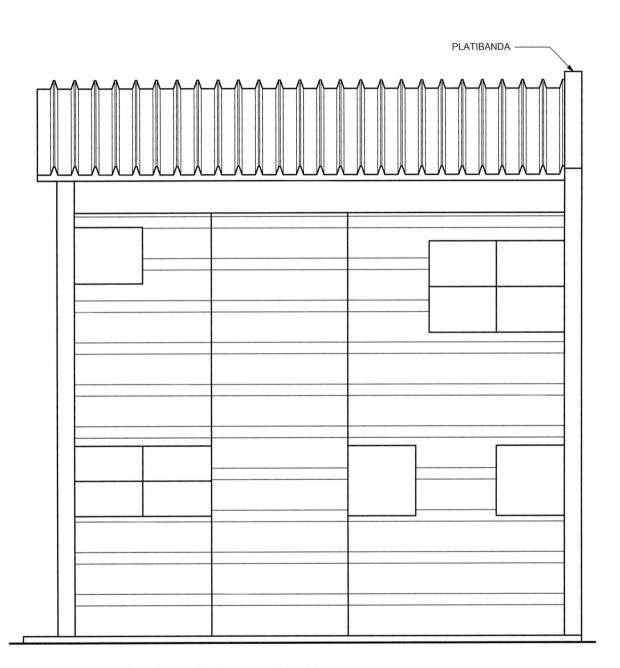

FIGURA 6.33 Desenho de fachada posterior de uma casa de madeira.

Fonte: Corrêa (2016) [5].

6.5 Organização dos desenhos de estrutura de madeira em prancha

A planta de estrutura de madeira de um pavimento deve estar acompanhada de seus respectivos desenhos de detalhes. A planta de cobertura deve estar junta com a estrutura do telhado. Os desenhos das fachadas devem vir acompanhados com o detalhe da vedação externa das paredes.

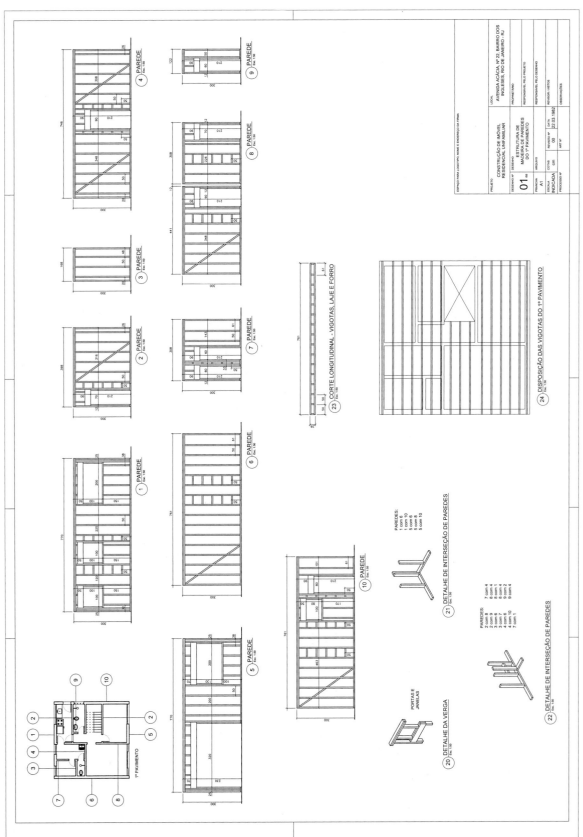

FIGURA 6.34 Disposição dos desenhos de estrutura de madeira de uma casa em prancha. **(Continua)**

Fonte: Corrêa (2016) [5].

128 CAPÍTULO 6 Desenho de Estrutura de Madeira

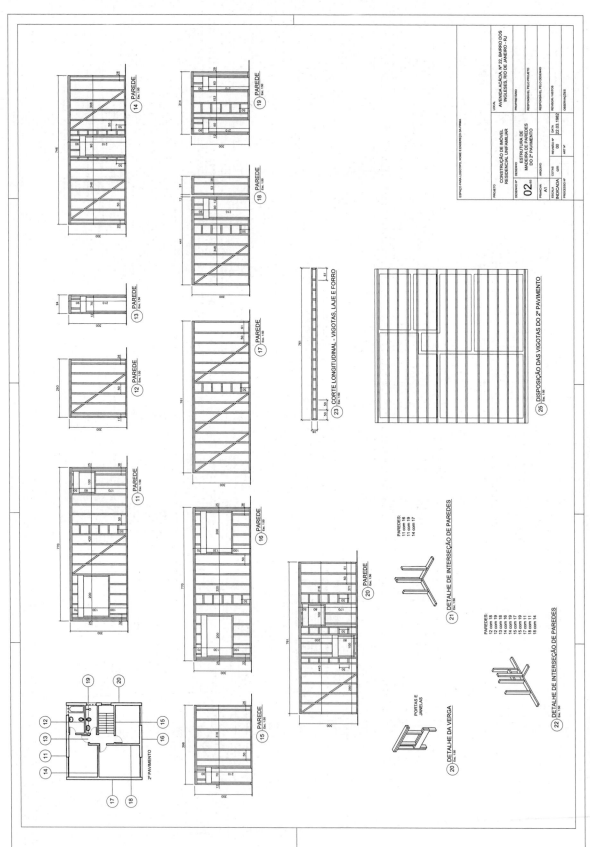

FIGURA 6.34 Disposição dos desenhos de estrutura de madeira de uma casa em prancha. (Continua)

Fonte: Corrêa (2016) [5].

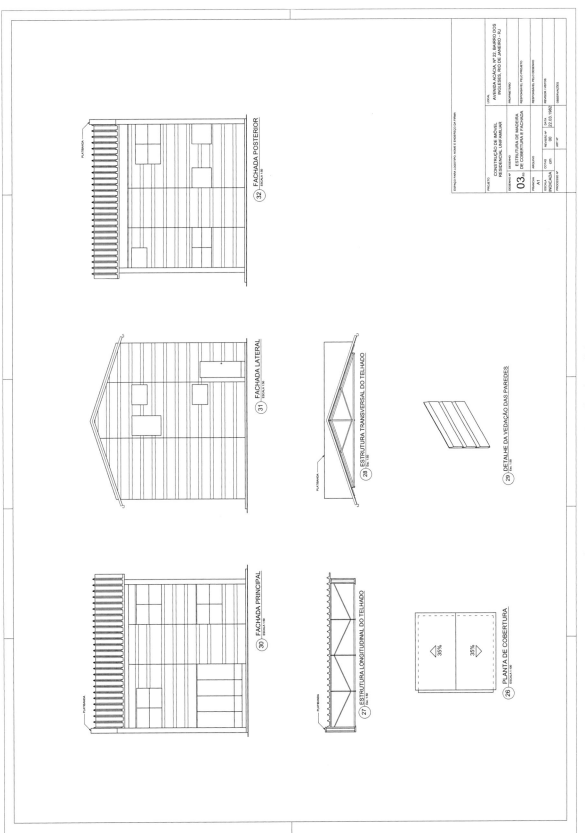

FIGURA 6.34 Disposição dos desenhos de estrutura de madeira de uma casa em prancha. (Continuação)

Fonte: Corrêa (2016) [5].

CAPÍTULO

7

Desenho de Estrutura Metálica

Ferro fundido, aço, alumínio e outros metais são bastante usados na construção, mas o aço é o que representa maior importância nesse segmento.

As peças de estrutura em aço apresentam diversas formas de seção, conforme sua função estrutural. As dimensões dessas seções são padronizadas para fabricação e fornecimento. O dimensionamento é feito através de cálculo estrutural e, com base nos resultados obtidos, escolhe-se o perfil numa tabela que contém suas medidas padronizadas e seus esforços máximos admissíveis.

Nas ligações dos elementos estruturais, podem ser usadas chapas e cantoneiras rebitadas ou aparafusadas, como também soldadas.

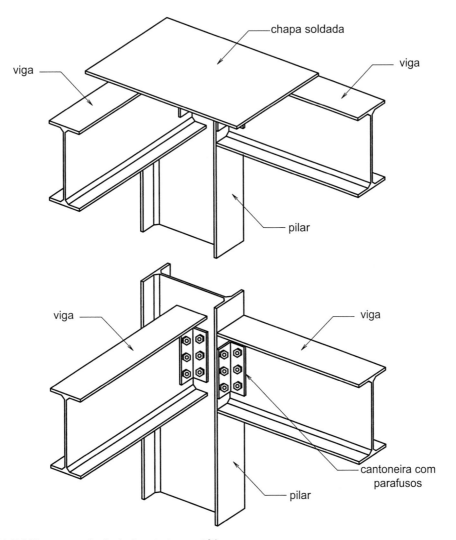

FIGURA 7.1 Elementos principais de estrutura metálica.

Fonte: Corrêa (2016) [6].

As seções de estrutura metálica podem ser chapas, barras, tubos, perfis e perfilados.

As chapas são fabricadas em formato retangular e espessura com dimensões padronizadas. Podem ser recortadas, furadas, dobradas e prensadas, adquirindo formas diversas de superfície. Serve também como elemento de ligação de peças metálicas.

As barras e tubos apresentam, respectivamente, seções contínuas e vazadas. Os formatos mais comuns são apresentados na Figura 7.2 com suas respectivas anotações.

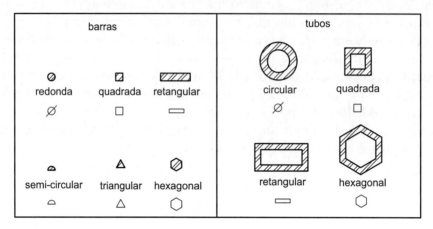

FIGURA 7.2 Barras e tubos metálicos.
Fonte: Corrêa (2016) [6].

Os perfis metálicos são peças compostas de chapas. Podem ser de diversos tipos, conforme a concepção do projeto, porém existem aqueles com as dimensões padronizadas no mercado, apresentados a seguir:

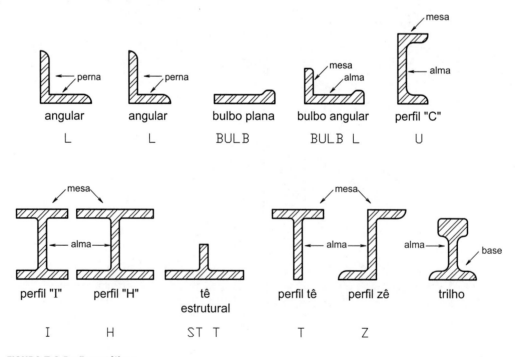

FIGURA 7.3 Perfis metálicos.
Fonte: Corrêa (2016) [6].

Os elementos de ligação das chapas, barras, tubos e perfis metálicos podem ser rebites, parafusos ou soldas.

Os rebites são peças que servem para fixar os elementos metálicos. Os rebites estruturais podem ser ocos (tubulares) ou maciços e apresentam diferentes formas que são escolhidas conforme a praticidade. Os rebites ocos são fáceis de serem fixados, mas não são recomendados para estruturas que solicitem grande esforços. Um rebite é composto por três elementos, conforme a Figura 7.4.

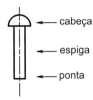

FIGURA 7.4 Elementos de um rebite.

Fonte: Corrêa (2016) [6].

O rebite é instalado em furo feito previamente na chapa e no perfil, através de rebitadeira ou rebitador pneumático que golpeia o rebite. A relação entre os diâmetros do rebite e o furo pode ser menor ou igual 1,5. Durante a instalação, a ponta do rebite se deforma. O rebite fica alojado nos furos das peças sob pressão e para retirá-lo é necessária uma ferramenta chamada puxador ou puxadeira.

Tipos de rebite:

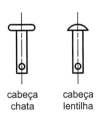

FIGURA 7.5 Tipos de rebite.

Fonte: Corrêa (2016) [6].

Os rebites podem ser de ferro, aço inox, alumínio, latão e cobre.

O rebite hermético é um rebite de repuxo com a propriedade de vedar e proteger o furo contra possíveis infiltrações de líquidos e gases, além de possuir resistência mecânica superior aos dos rebites de repuxo convencionais.

Quando a carga perpendicular ao eixo for muito elevada, empregamos o parafuso, ao invés de rebite. Este é um caso bastante comum em estruturas metálicas de edifícios.

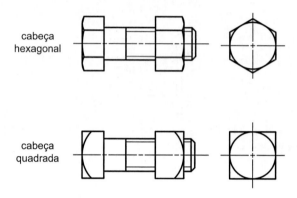

FIGURA 7.6 Tipos de parafuso.
Fonte: Corrêa (2016) [6].

As peças podem ser furadas, rebitadas e aparafusadas na fábrica ou no canteiro de obras. Os furos podem ser escariados ou não. Essas especificações são simbolizadas conforme as Tabelas 7.1 e 7.2.

TABELA 7.1 Representação de vista frontal do furo

esquema	tipo de furo	peças furadas e/ou montadas na fábrica	peças montadas no canteiro	peças furadas e montadas no canteiro
	furo não escariado			
	furo escariado no lado próximo			
	furo escariado no lado oposto			
	furo escariado nos dois lados			

Fonte: Corrêa (2016) [6].

TABELA 7.2 Representação de vista lateral do furo

esquema	tipo de furo	peças furadas e/ou montadas na fábrica	peças montadas no canteiro	peças furadas e montadas no canteiro
	furo não escariado			
	furo escariado no lado próximo			
	furo escariado no lado oposto			
	furo escariado nos dois lados			
	furo não escariado com porca e parafuso			

Fonte: Corrêa (2016) [6].

Um exemplo com uma dessas representações é mostrado na Figura 7.7.

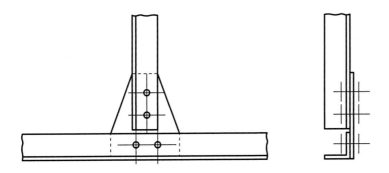

FIGURA 7.7 Furos em vista frontal e lateral para ligação de dois perfis angulares numa chapa.

Fonte: Corrêa (2016) [6].

Os furos são feitos para os rebites ou parafusos nos perfis e nas chapas. As chapas fazem a ligação entre os perfis e os rebites ou parafusos fixam os perfis nas chapas. É importante observar a quantidade e o alinhamento dos furos para que o conjunto estrutural funcione de forma adequada.

Dependendo das cargas que a estrutura é submetida, são instaladas barras para evitar o colapso ou a deformação da estrutura. Na Figura 7.8 foi projetada uma barra em diagonal para estabilizar melhor o conjunto estrutural.

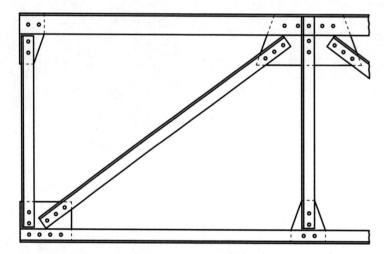

FIGURA 7.8 Exemplo de estrutura a ser rebitada ou aparafusada.

Fonte: Corrêa (2016) [6].

Feito o desenho em linha média, devem ser cotadas em linha fina as dimensões das barras e a locação dos furos na estrutura. Para a estrutura metálica, as dimensões e as cotas são dadas em milímetros, conforme a Figura 7.9.

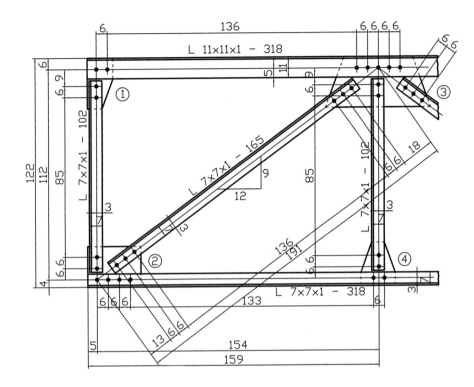

FIGURA 7.9 Cotagem de estrutura a ser rebitada ou aparafusada.

Fonte: Corrêa (2016) [6].

Para um furo com parafuso é usada a letra M antes do valor do diâmetro. Para furo com rebite é usado o símbolo Ø antes do valor do diâmetro.

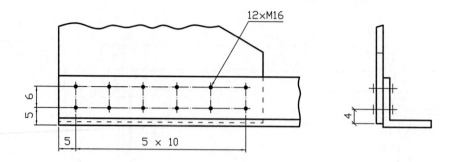

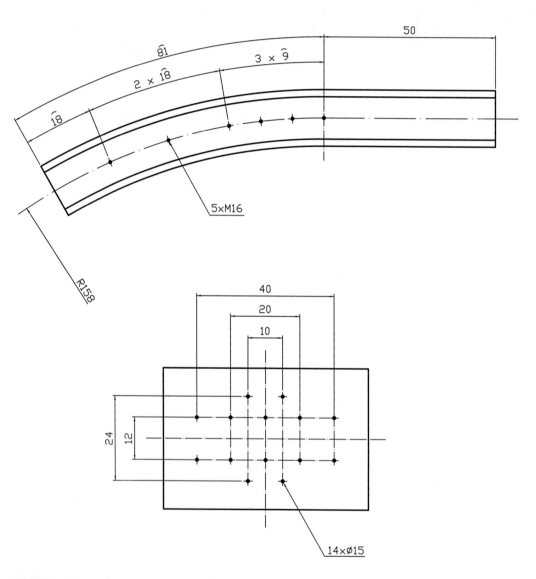

FIGURA 7.10 Exemplos de cotagem de posição de furos.

Fonte: Corrêa (2016) [6].

As soldas são usadas para fixação entre perfis ou outros componentes metálicos, de modo que os mesmos ficam engastados entre si. Dessa forma, as soldas só devem ser usadas quando não houver previsão de desmontagem das peças unidas para evitar destruição ou de trecho dos elementos ligados.

Quando elementos estruturais forem soldados, é feita a cotagem das soldas no desenho de conjunto e, se for necessário, no desenho de detalhes. A cotagem da placa de ligação ou assentamento, bem como a localização de seus furos, é feita no desenho de detalhe.

Os desenhos de estrutura metálica de um edifício, basicamente, são de dois tipos:

- plantas de estrutura dos pavimentos: apresentam as disposições das vigas e pilares para cada pavimento;
- desenhos de detalhes: descrevem para cada peça (viga e pilar) os detalhes de ligação dos componentes metálicos, fornecendo todos os dados necessários, desde elementos para compra, fabricação e montagem.

7.1 Planta de estrutura metálica

É uma vista do teto, olhando para cima. O desenho é semelhante ao usado para planta de formas de concreto armado, mas difere por não haver a indicação de laje e as cotas dos vãos entre as vigas são entre eixos.

Características do desenho de planta de estrutura metálica:

- linha grossa para pilares cortados
- linha média para vigas e vigotas
- linha fina em traço-ponto para linhas de eixo
- indicação dos tipos de perfil de vigas e pilares
- numeração, dimensões da seção de viga e de pilar com fonte de tamanho 2,5 mm
- cotas com fonte de tamanho 2 mm
- cotas dos vãos entre eixos das vigas e alinhadas com as dos vãos adjacentes
- indicação de início de pilares quando houver
- escala em 1:50

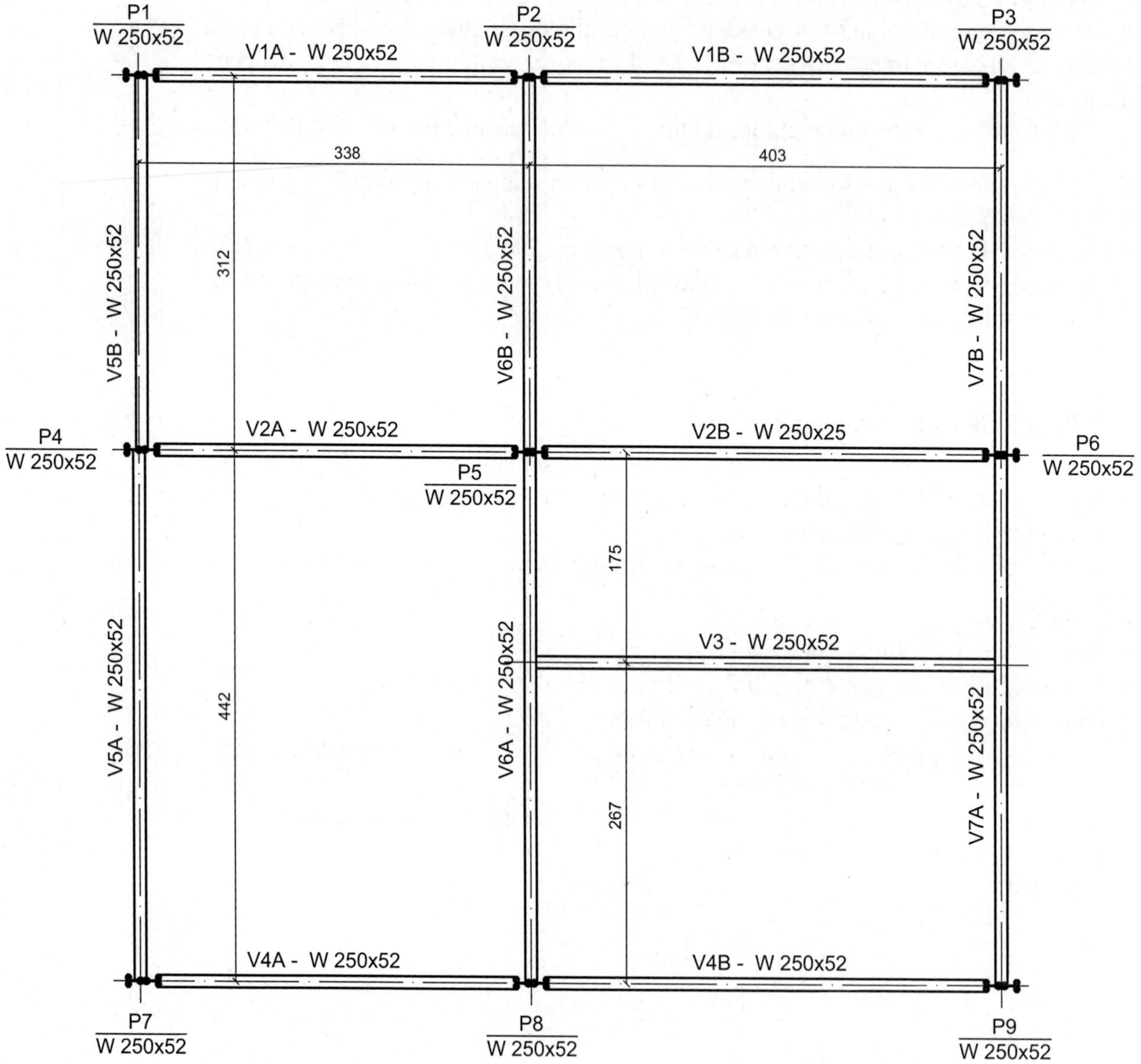

142 **CAPÍTULO 7** Desenho de Estrutura Metálica

FIGURA 7.11 Planta de estrutura metálica do primeiro pavimento de uma casa.
Fonte: Corrêa (2016) [6].

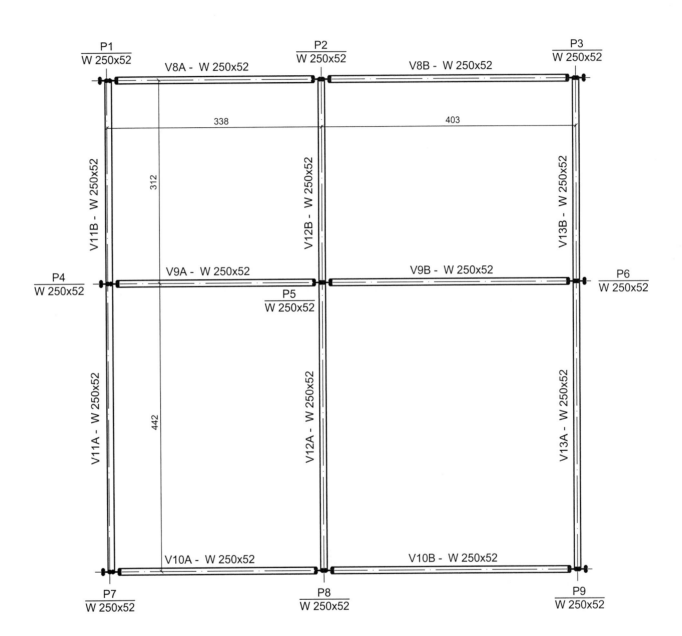

FIGURA 7.12 Planta de estrutura metálica do segundo pavimento de uma casa.

Fonte: Corrêa (2016) [6].

Uma tabela de componentes metálicos acompanha as plantas de estrutura metálica, informando todos os componentes usados com suas dimensões em milímetros, as suas quantidades e o tipo de aço usado.

TABELA 7.3 Componentes metálicos da estrutura de uma casa

Item	Quantidade	Descrição (ver notas)	Material
1	9	Coluna W 250×52 – 6200 mm comp	Aço ASTM A 572
2	6	Viga W 250×52 – 3130 mm comp	Aço ASTM A 572
3	6	Viga W 250×52 – 3780 mm comp	Aço ASTM A 572
4	1	Viga W 250×52 – 3930 mm comp	Aço ASTM A 572
5	6	Viga W 250×52 – 4170 mm comp	Aço ASTM A 572
6	6	Viga W 250×52 – 2870 mm comp	Aço ASTM A 572
7	12	Chapa 10 mm esp – 200 mm × 100 mm	Aço ASTM A 36
8	12	Chapa 10 mm esp – 250 mm × 100 mm	Aço ASTM A 36
9	4	Chapa 10 mm esp – 450 mm × 300 mm	Aço ASTM A 36
10	2	Chapa 10 mm esp – 450 mm × 300 mm	Aço ASTM A 36
11	2	Chapa 10 mm esp – 600 mm × 300 mm	Aço ASTM A 36
12	1	Chapa 10 mm esp – 600 mm × 500 mm	Aço ASTM A 36
13	9	Chapa 10 mm esp – 300 mm × 400 mm	Aço ASTM A 36
14	96	Cantoneira L 50×50 – 150 mm comp	Aço ASTM A 572

Fonte: Corrêa (2016) [6].

Para o cálculo do comprimento dos perfis das vigas, devemos considerar o tamanho do vão compreendido entre as almas ou mesas dos pilares. O cálculo do comprimento dos perfis dos pilares pode ser feito pelo comprimento entre pisos adjacentes ou a cada dois pisos, como no exemplo anterior.

7.2 Desenhos de detalhes de ligações de elementos estruturais metálicos

A planta de estrutura metálica do pavimento deve estar acompanhada dos desenhos de detalhe de todas as ligações de seus elementos estruturais.

Características do desenho de planta de estrutura metálica:

- vistas frontal e superior da ligação dos elementos
- vista lateral da ligação dos elementos quando for o caso
- linha média para pilares e vigas vistos
- linha fina para cotas
- linha fina em traço-ponto para linhas de eixo dos perfis
- cotas com fonte de tamanho 2 mm
- cotas dos furos e das partes soldadas
- escala em 1:10

A seguir, são apresentados os casos de ligação entre elementos estruturais.

7.2.1 Apoio de pilares em piso

Os pilares da estrutura metálica são fixados numa placa de aço através de solda a arco ou maçarico de cordão em ângulo (ou filete). Dependendo dos esforços solicitados, poderá haver necessidade de usar outras peças e parafusos para reforçar a fixação.

A placa é assentada sobre uma argamassa na superfície do piso ou fundação, sendo fixada com parafusos.

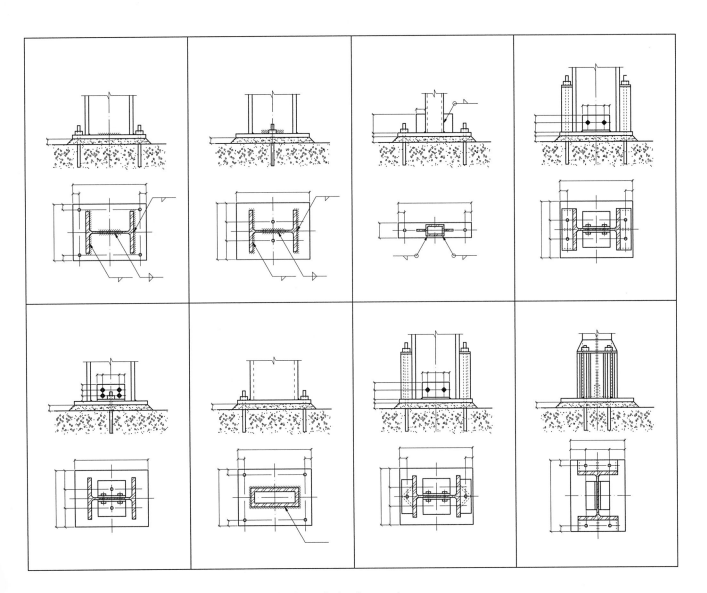

FIGURA 7.13 Exemplos de desenho de detalhe de apoio de pilar em piso.

Fonte: Adaptação de Newman (1968).

7.2.2 Transpasse de pilares

O transpasse de pilares da estrutura metálica é feito com os eixos dos respectivos perfis alinhados para depois fixar placas de aço através de parafusos ou, simplesmente, soldar a arco ou maçarico de cordão em ângulo (ou filete). A quantidade e as dimensões das placas e o número de parafusos empregados dependem dos esforços solicitados.

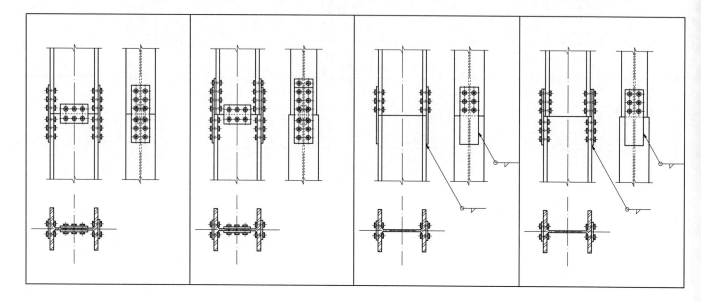

FIGURA 7.14 Exemplos de desenho de detalhe de transpasse de pilares.

Fonte: Adaptação de Newman (1968).

7.2.3 Ligação de pilar com viga

Existem seis casos de ligação de pilar com viga, conforme agrupados na Figura 7.15 e, posteriormente, explicados.

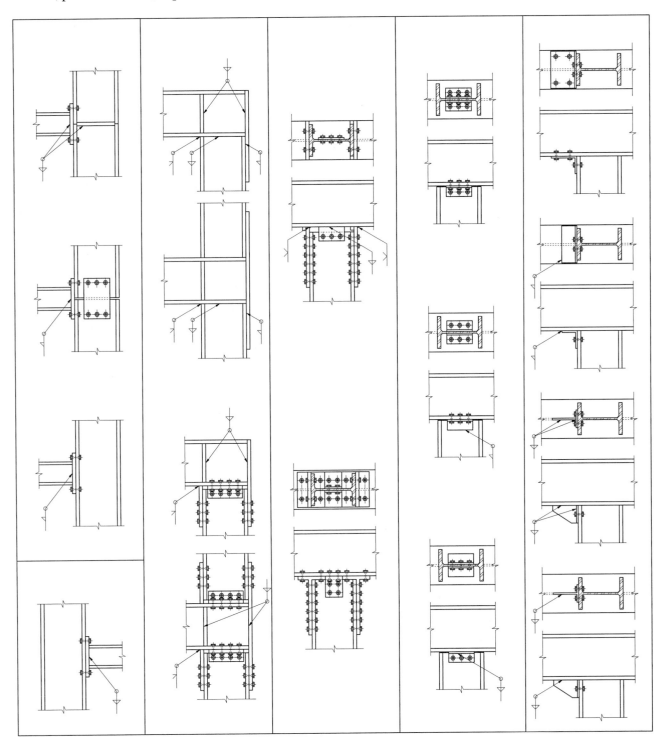

FIGURA 7.15 Exemplos de desenho de detalhe de seis casos de ligação de pilares com viga.

Fonte: Adaptação de Newman (1968).

No 1° caso, a ligação de uma viga com um pilar é feita através de um apoio engastado no pilar. Esse apoio pode ser uma cantoneira ou um perfil tê. O apoio pode ser aparafusado ou soldado no pilar. Após a instalação do apoio, a viga é posicionada no mesmo e aparafusada.

No 2° caso, a ligação de uma viga com um pilar é feita através de uma cantoneira engastada no pilar e na viga. A cantoneira pode ser:

- aparafusada no pilar e na viga
- aparafusada no pilar e soldada na viga
- soldada no pilar e aparafusada na viga

O número de parafusos empregados depende dos esforços solicitados no engaste do pilar com a viga.

No 3° caso, é usado um conjunto de cantoneiras e placas aparafusadas ou soldadas. Esse conjunto serve de apoio quando se posiciona a viga no pilar, não precisando calçar a mesma como no segundo caso.

No 4° caso, para pilares que morrem, é feito um fechamento com uma placa na parte superior da junção da viga com o pilar e mais um reforço de outras placas no alinhamento inferior da viga. Essas placas podem se soldadas ou aparafusadas.

No 5° caso, a forma adotada para os pilares que morrem é apoiar as vigas nos mesmos e fazer a ligação com chapas aparafusadas ou soldadas.

No 6° caso, para o pilar que nasce, a ligação entre ele e a viga obedece a mesma forma que o caso 5, sendo que o mesmo deve ser apoiado em apenas uma viga. O apoio na junção de duas vigas implicará numa grande quantidade de placas e parafusos, além de soldagens, para reforçar a estrutura neste ponto.

7.2.4 Ligação de viga com viga

Existem dois casos para este tipo de ligação.

No 1° caso, a ligação de duas vigas perpendiculares entre si é feita através de cantoneira e parafusos. O número de parafusos depende das alturas das vigas.

Quando as duas vigas possuem a mesma altura, fazemos o recorte nas mesas daquela que ficará apoiada, normalmente a de menor vão, de modo que esta possa ser encaixada no perfil da outra. Se forem de alturas diferentes, fazemos o recorte na mesa superior da viga a ser apoiada.

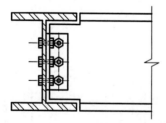 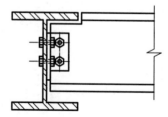

FIGURA 7.16 Exemplos de ligação de viga com viga.

Fonte: Adaptação de Newman (1968).

No 2° caso, a ligação de duas vigas de inclinação diferente, por exemplo, nos casos de rampas e escadas, é feita através de solda.

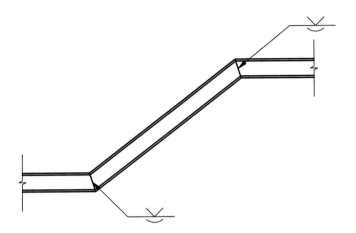

FIGURA 7.17 Exemplo de ligação de viga com viga para rampa ou escada.

Fonte: Adaptação de Newman (1968).

7.2.5 *Engaste de viga metálica em estrutura de concreto*

Os parafusos próprios para esse tipo de engaste possuem uma dobra para ficarem ancorados no concreto. Eles devem ser posicionados antes da concretagem. Após o endurecimento do concreto, assenta-se uma chapa de aço sobre a superfície e aparafusa-se. A extremidade da viga metálica é então soldada na chapa. Outra solução, ao invés de usar a chapa e soldar, é usar uma cantoneira e fixar a viga com parafusos.

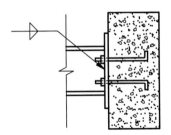 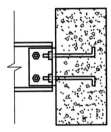

FIGURA 7.18 Exemplos de engaste de viga metálica em estrutura de concreto.

Fonte: Adaptação de Newman (1968).

7.2.6 *Tirante instalado em perfil metálico*

A instalação do tirante pode ser feita sobre a alma ou a mesa do perfil I, conforme os desenhos a seguir:

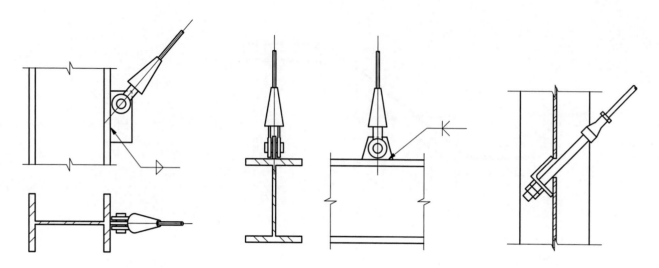

FIGURA 7.19 Exemplos de tirante instalado em perfil metálico.

Fonte: Adaptação de Newman (1968).

7.3 Organização dos desenhos de estrutura metálica em prancha

Os desenhos de detalhes de ligações da estrutura podem estar acompanhados das plantas de estrutura metálica dos pavimentos ou em pranchas separadas. Também pode-se optar por colocar a planta de estrutura metálica de um pavimento acompanhada de seus respectivos desenhos de detalhes.

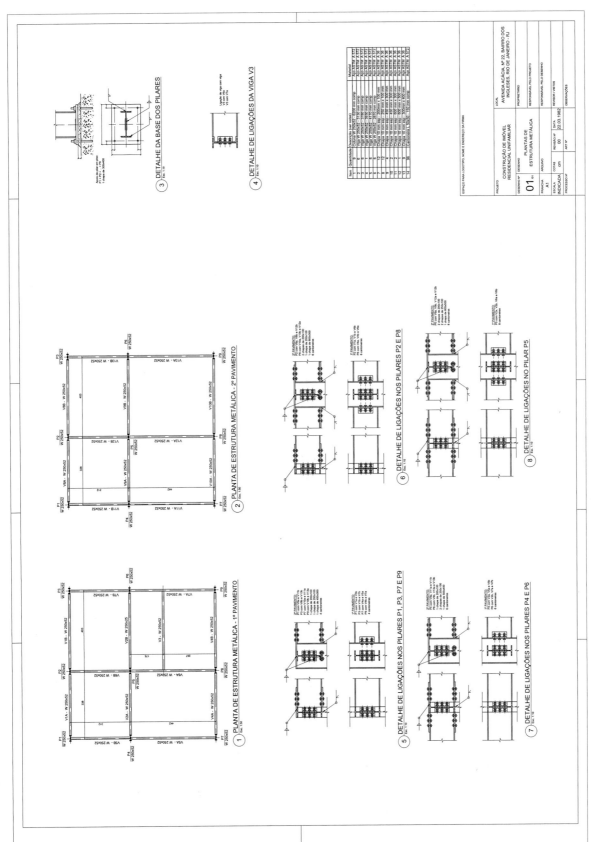

FIGURA 7.20 Distribuição dos desenhos de estrutura metálica de uma casa em prancha.

Fonte: Corrêa (2016) [6].

CAPÍTULO

8

Desenho de Instalação Hidráulica

As instalações hidráulicas são usadas para abastecimento de água potável, gás e descarga de esgotos e águas pluviais nos prédios.

São constituídas de:

- canos ou tubos: para condução de líquidos, gases e vapores
- conexões: são peças para unir, articular e reduzir canalização
- válvulas e registros: são peças para interromper ou controlar o fluxo dentro das canalizações

O diâmetro das canalizações e peças, segundo a ABNT, deve ser indicado em milímetros, porém o comércio e alguns instaladores empregam a polegada.

Os principais materiais para fabricação das canalizações são aço, alumínio, barro vidrado, borracha, chumbo, cimento amianto, cobre, concreto armado, ferro fundido, ferro galvanizado, plástico (PVC) e vidro. Alguns desses materiais vêm deixando de serem empregados, seja por serem cancerígenos (chumbo, cimento amianto), de alto custo de transporte e execução (ferro fundido, cobre), de difícil manutenção (ferro fundido, cobre) e de pouca durabilidade (barro vidrado).

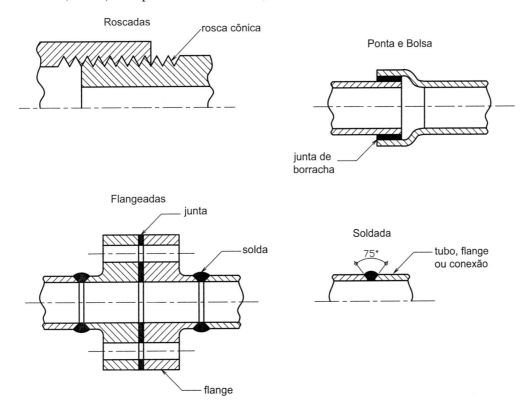

FIGURA 8.1 Tipos de ligação de tubulação.

Fonte: Corrêa (2017) [8].

Existem ligações soldadas em PVC, que consistem na aplicação de uma solução líquida ao redor da ponta do tubo que amolece o PVC e em seguida passa-se um adesivo para unir o tubo à conexão. Há também um sistema de soldagem em PVC na qual basta uma rotação entre o tubo e a conexão para firmar o conjunto.

Os tubos ou canos são condutos fechados destinados, principalmente, ao transporte de fluidos, normalmente possuindo seção circular e apresentando-se como cilindros ocos. São usados para o transporte de todos os fluidos conhecidos, líquidos ou gasosos, materiais pastosos e fluidos sólidos em suspensão, em toda faixa de variação de pressões desde o vácuo absoluto até cerca de 4.000 kg/cm, e de temperaturas desde próximo ao zero absoluto até temperaturas dos metais em fusão.

A normalização dos tubos é feita da seguinte forma:

- até 305 mm: pelo seu diâmetro interior, mais ou menos igual ao diâmetro efetivo;
- acima de 305 mm: pelo diâmetro exterior.

Através de "schedule numbers", indicam-se valores aproximadamente da expressão:

$$1000 \times (P/S),$$

onde
P = pressão em serviço
S = tensão admissível

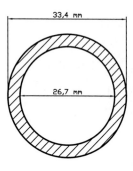
Standard
Sch = 40

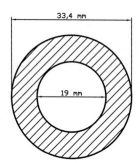
Extra Pesado
Sch = 80

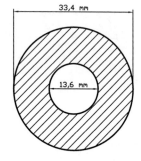
Extra Pesado Duplo
Sch = 160

FIGURA 8.2 Classificação de tubulação.

Fonte: Corrêa (2017) [8].

As conexões são peças para unir, derivar e reduzir uma canalização. As mais usuais podem ser classificadas de acordo com as finalidades mostradas nas Figuras 8.3 a 8.7.

 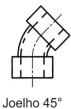 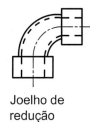

Joelho 90° Joelho 45° Joelho de redução

FIGURA 8.3 Conexões que permitem mudanças de direção.

Fonte: Corrêa (2017) [8].

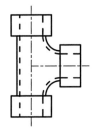 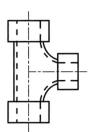 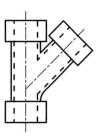 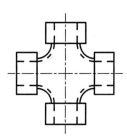 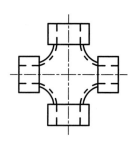

Tê normal (90°)   Tê de Redução   Peças em "Y"   Cruzeta   Cruzeta de Redução

FIGURA 8.4 Conexões que fazem derivações em tubos.

Fonte: Corrêa (2017) [8].

Bucha de Redução   Luva de Redução

FIGURA 8.5 Conexões que permitem mudanças de diâmetros em tubos.

Fonte: Corrêa (2017) [8].

158 CAPÍTULO 8 Desenho de Instalação Hidráulica

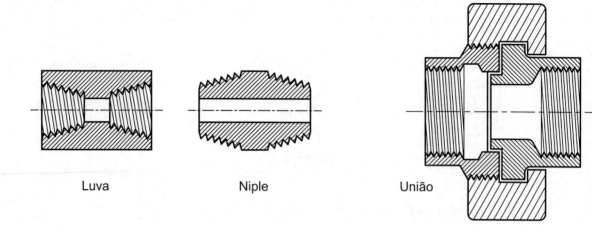

FIGURA 8.6 Conexões que ligam tubos entre si.
Fonte: Corrêa (2017) [8].

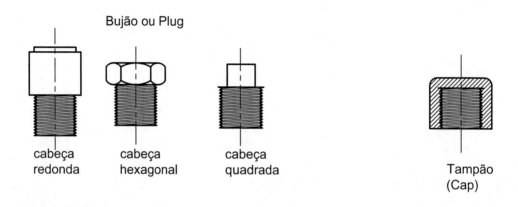

FIGURA 8.7 Conexões que fazem o fechamento da extremidade da tubulação.
Fonte: Corrêa (2017) [8].

As válvulas são dispositivos destinados a estabelecer, controlar e interromper o fluxo numa tubulação e, por serem uns dos acessórios mais importantes da canalização, devem ser bem especificadas, escolhidas e localizadas. Deve haver o menor número possível numa tubulação, porque são peças caras e sujeitas a vazamentos.

A classificação dos tipos de válvula é apresentada na Figura 8.8.

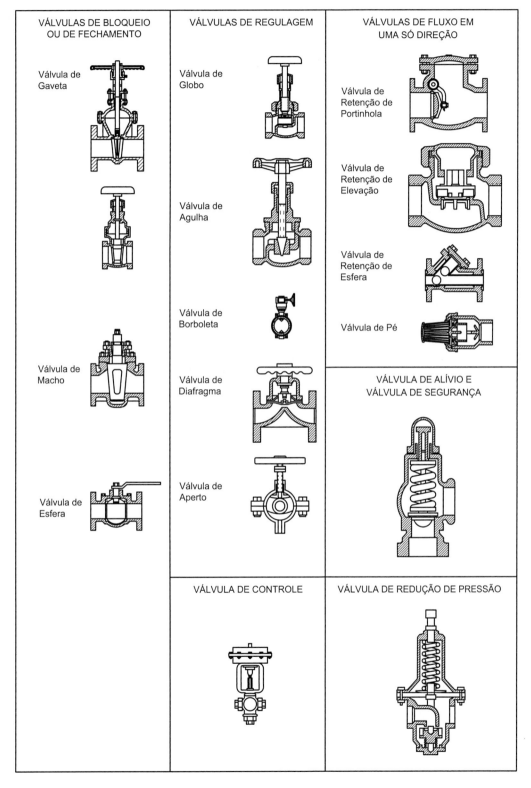

FIGURA 8.8 Tipos de válvula.

Fonte: Corrêa (2017) [8].

As válvulas de bloqueio ou fechamento servem para funcionar totalmente abertas ou fechadas.

A válvula de gaveta funciona através de um movimento retilíneo de uma peça de vedação (gaveta). Ela possui perda de carga desprezível quando totalmente aberta. Se estiver parcialmente aberta, a perda de carga é elevada, podendo gerar cavitação nos casos de tubulação de gás. É bastante empregada em canalizações prediais, tais como barriletes, ramais de água e elevatórias de água, vapor e ar comprimido. O seu obturador é circular e existem dois tipos de válvula de gaveta:

- válvula de cunha: quando as faces laterais do obturador são convergentes;
- válvula de comporta: quando as faces do obturador são paralelas.

Em ambos os casos, o obturador poderá ser composto por uma só peça (rígido), ou por duas (flexível).

A válvula de macho é usada em instalações prediais, para tanques e regas de jardim. Funciona através de uma peça cônica (macho) que possui um orifício em forma de trapézio. O escoamento é máximo quando o centro geométrico do orifício coincide com o eixo da tubulação.

A válvula de esfera é uma válvula de bloqueio de fechamento rápido, usada para vapor, gases, ar comprimido, líquidos puros e vácuo. Funciona pelo acionamento de uma alavanca que controla o fluxo que passa por uma esfera de regulagem central

As válvulas de regulagem servem para controlar o fluxo, através do estrangulamento. Também podem bloquear totalmente o líquido, mas não podem ser superdimensionadas para não terem que ser operadas parcialmente fechadas, pois prejudica o escoamento e a durabilidade das válvulas.

A válvula de globo tem esse nome por causa do seu formato. É usada para tubulações de até 250 mm de água, fluidos frigoríficos, óleos, ar comprimido, vapor e gases. Serve para regulagem de descargas. O disco ou tampão, localizado na parte alargada da válvula, move-se na direção da abertura, através de uma haste rosqueada comandada pelo volante de manobra.

Mesmo com abertura total, apresenta grandes perdas de carga.

A válvula de agulha é uma válvula de globo que possui a extremidade da haste com formato afilado. Serve para uma regulagem fina de descarga.

A válvula de borboleta é uma válvula que possui uma tampa circular que é rotacionada entorno de seu diâmetro para abertura ou fechamento da tubulação. Existem diversos modelos, alguns automatizados, outros específicos para cada tipo de fluxo.

A válvula de diafragma é bastante usada em instalações industriais para tubulações de ar comprimido, gases e líquidos caros. O diafragma ou membrana, feito de Neoprene ou Teflon, permite a estanqueidade e faz a vedação e a regulagem. É operado através de haste de comando (castelo).

A válvula de aperto é um tipo de válvula diafragma. Possui um tubo de Neoprene ou Teflon que é comprimido em dois pontos para regulagem ou vedação. Um modelo de válvula de aperto conhecido como "pinch valve" faz o aperto da seção da tubulação de Neoprene ou Teflon em dois sentidos opostos numa mesma direção.

A válvula de controle serve para controlar o nível do líquido, a descarga, a pressão ou a temperatura de um líquido. É comandada à distância por sensores ou instrumentos automáticos. Funciona através da deformação do diafragma causada por ar comprimido, regulado por instrumento automático estimulado por sensores que detectam as alterações do líquido.

As válvulas de fluxo em uma só direção servem para impedir o retorno do fluxo, permitindo que ele flua em apenas uma direção. Quando o sentido do fluxo é invertido, essas válvulas se fecham através das diferenças de pressão causadas pelo escoamento.

A válvula de retenção de portinhola é largamente usada para todos os diâmetros, seja na posição vertical ou horizontal. Apresenta baixa perda de carga. Quando o fluxo tende a retornar, a portinhola se fecha.

Na válvula de retenção de elevação, enquanto o fluxo escoa no sentido desejado, ele mantém a tampa levantada. Esse tipo apresenta perda de carga elevada.

A válvula de retenção de esfera é usada para bombeamento de óleo em tubos de diâmetros de até 50 mm.

A válvula de pé é usada para aspiração de líquidos em reservatório inferior (cisterna), quando uma bomba é acionada. Após o desligamento da bomba, o líquido tende a retornar, fazendo a tampa se fechar.

As válvulas de alívio e de segurança servem para reduzir o efeito do golpe de aríete. Sempre que a pressão na tubulação ultrapassa um valor determinado, a mola se deforma, permitindo a saída do fluido. É chamada de alívio quando o fluido é um líquido e se abre na proporção em que aumenta a pressão. É chamada de segurança quando o fluido é um gás, ar comprimido ou vapor e se abre total e rapidamente quando aumenta a pressão.

A válvula de redução de pressão é usada para regular pressão à jusante em colunas d'água de edifícios com mais de 36 metros (12 pavimentos). Funciona automaticamente. Também é fabricada para ar comprimido, vapor, óleo e outros. O fluxo empurra a tampa que comprime a mola menor. A pressão no interior da válvula comprime a mola maior, aliviando a pressão na tubulação de saída.

As conexões e válvulas apresentam uma simbologia referente ao tipo de ligação de tubulação, conforme mostra a Tabela 8.1.

TABELA 8.1 Símbolos gráficos para desenho de tubulação

Conexões e válvulas	Flange	Rosca	Ponta e bolsa	Soldas Arco	Soldas Branca
Junta					
Joelho 90°					
Joelho 45°					
Joelho para cima					
Joelho para baixo					
Tê					
Tê para cima					
Tê para baixo					

(*continua*)

(*continuação*)

Conexões e válvulas	Flange	Rosca	Ponta e bolsa	Soldas Arco	Soldas Branca
Cruzeta					
Redução					
Redução excêntrica					
Ypsilon					
Válvula de gaveta					
Válvula de globo					
Válvula de retenção					
União					
Bucha de retenção					

Fonte: Corrêa (2017) [8].

O desenho de tubulação das instalações prediais é feito através de representações baseadas nos princípios das projeções ortogonais, a saber:

- Planta: é uma vista superior da tubulação.
- Elevações: são vistas de frente e laterais da tubulação.
- Perspectiva: é o desenho isométrico ou perspectiva paralela da tubulação.

Uma tubulação pode ser desenhada por símbolos gráficos, representando as conexões e válvulas, e por uma linha única, representando os tubos, qualquer que seja o diâmetro do tubo.

Os desenhos em detalhes representam o tubo em escala, isto é, dando a sua grossura desenhada pela bitola e as conexões e válvulas como se fossem desenhos reais destes acessórios. Junto aos desenhos é feito um quadro de materiais, onde os tubos são dados por metros e as conexões e válvulas por quantidades para cada bitola.

O dimensionamento do desenho de tubulação constitui-se de cotas de locações, tomadas em relação aos eixos das canalizações, sendo que as conexões e válvulas são localizadas pelas distâncias de eixo a eixo.

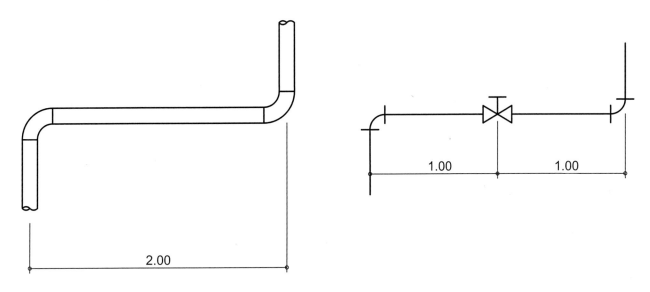

FIGURA 8.9 Cotagem de tubulação.

Fonte: Corrêa (2017) [8].

As cotagens de desenho de tubulação devem atender as seguintes normas:

- não cruzar linha de cota com outra linha de cota, nem com um tubo;
- para cada sentido um só observador, podendo usar-se 2 ou 3 observadores para resolver toda a cotagem;
- linhas de cota, totais ou parciais, podem estar antes e depois do tubo, porém o valor da cota estará sempre acima da linha de cota, com relação ao observador adotado;
- o diâmetro (bitola) do tubo, em milímetros, sempre acima do tubo, considerando o observador adotado. Bitolar uma vez só cada bitola, quando os ramos não são longos;
- algarismos escritos em rigoroso sentido isométrico, cuidando para que as linhas de equilíbrio dos algarismos sejam paralelas às linhas de extensão que determinam as correspondentes cotas.

Nas vistas e no desenho isométrico, a tubulação é desenhada em linha média e as cotas são em linha fina. Esses desenhos são acompanhados de um quadro que informa os tipos de conexões e válvulas e suas quantidades, bem como o comprimento total de tubo em metros, conforme mostra a Figura 8.10.

CAPÍTULO 8 Desenho de Instalação Hidráulica

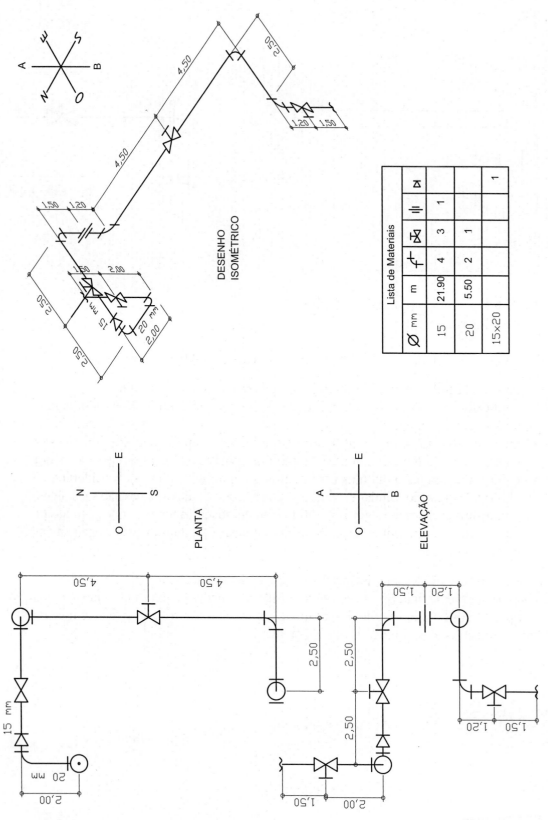

FIGURA 8.10 Cotagem em vistas e desenho isométrico de tubulação.

Fonte. Corrêa (2017) [8].

Esses desenhos podem ser adaptados para as instalações de água fria, água quente, esgoto, águas pluviais e gás. A Figura 8.11 mostra um exemplo de anotação para uma coluna de água fria (AF-1) com diâmetro de 50 mm.

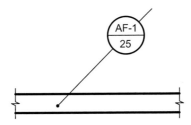

FIGURA 8.11 Anotação de coluna de hidráulica.
Fonte: Corrêa (2017) [8].

No desenho dessa anotação, o valor do diâmetro da circunferência é 12 mm, o traço do diâmetro, o traço de indicação é em linha fina e a circunferência é em linha média e as fontes são de 2 mm de altura. A numeração das colunas é feita em planta, da esquerda para a direita e de cima para baixo.

CAPÍTULO

9

Desenhos de Instalações de Água Fria e Água Quente

9.1 Esquema ou diagrama vertical de instalações de água fria e água quente

O esquema vertical é um desenho sem escala que apresenta as colunas e ramais de água fria, água quente, recalque e incêndio, conexões, válvulas e reservatórios em linha média e demais traços em linhas finas. As posições dos reservatórios, das colunas e ramais também são esquemáticas e ordenadas de forma a se ter um entendimento do conjunto da instalação.

Características do desenho de esquema vertical de água fria e água quente:

- designação de cada componente e legenda com fonte de 2 mm
- colunas e ramais de água fria e de recalque em linha média contínua
- colunas e ramais de água quente em linha média tracejada
- colunas e ramais de incêndio em linha média traço-cruz
- indicação da posição da coluna em linha fina, com circunferência de diâmetro 10 mm em linha média
- numeração das colunas de água fria e água quente, de recalque e de incêndio com fonte de 2 mm
- valores dos diâmetros das colunas de água fria e água quente e de recalque e de incêndio (quando for o caso) com fonte de 2 mm
- ramal predial em linha média e respectivo diâmetro com fonte de 2 mm
- sem escala

Normalmente, o esquema vertical de água quente de um prédio é separado do de água fria para evitar o cruzamento de muitas linhas e que o desenho se torne denso demais a ponto de ser difícil de ser entendido ou interpretado. Entretanto, se for uma casa, é possível juntar água fria e água quente num mesmo esquema.

CAPÍTULO 9 Desenhos de Instalações de Água Fria e Água Quente

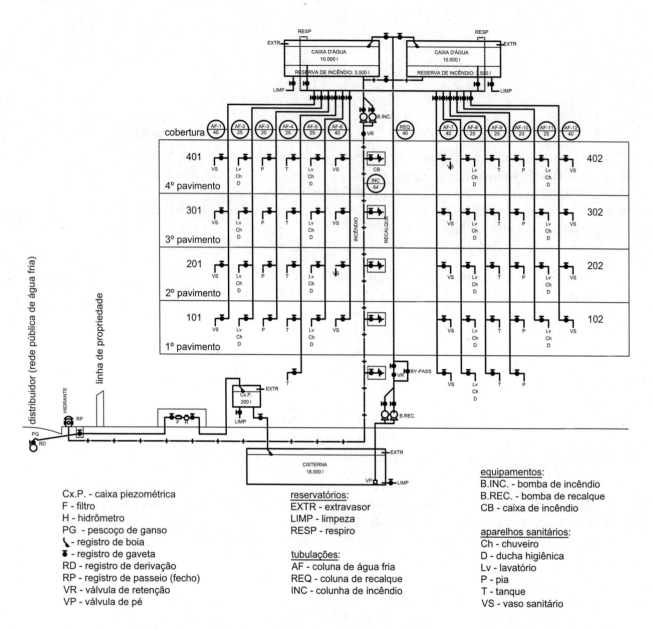

FIGURA 9.1 Esquema vertical de água fria de prédio residencial multifamiliar com hidrômetro coletivo.
Fonte: Corrêa (2017) [8].

O esquema ou diagrama vertical de água fria mostrado na Figura 9.1 é de um sistema indireto clássico de abastecimento d'agua, que usa cisterna, bombas de recalque e caixa d'água. Esse sistema é usado quando a água fornecida pelo distribuidor não apresenta pressão suficiente na tubulação para abastecer todos os pontos do edifício.

Há casos de sistemas diretos, em que a pressão no distribuidor interno é tão alta que dispensa o uso de bombas de recalque, como também os reservatórios (cisterna e caixa d'água) podem ser dispensados se houver abastecimento público com continuidade.

Nos casos de edifícios altos, acima de 12 andares ou com mais de 36 metros, para aliviar a pressão nas colunas de água fria, são usados reservatórios intermediários (por exemplo, num prédio de 24 andares, podemos ter um reservatório intermediário atendendo os doze primeiros pavimentos, enquanto outro atende os doze últimos) ou válvulas redutoras de pressão a cada 12 andares ou 36 metros.

Também é possível adotar soluções como, por exemplo, num prédio de doze andares ter uma coluna d'água atendendo os seis primeiros pavimentos e outra abastecendo os seis últimos. Neste caso, a coluna que abastece os seis primeiros andares passa direto, sem ramais, pelos doze últimos pavimentos.

O consumo d'água de um prédio comercial ou residencial multifamiliar é medido por um hidrômetro e a conta é rateada entre as unidades. No entanto, essa prática bastante comum tende a mudar, seja com uma nova legislação ou com empreendimentos novos nos quais a medição do consumo d'água é individualizada, com cada unidade tendo seu próprio hidrômetro, conforme o exemplo da Figura 9.2.

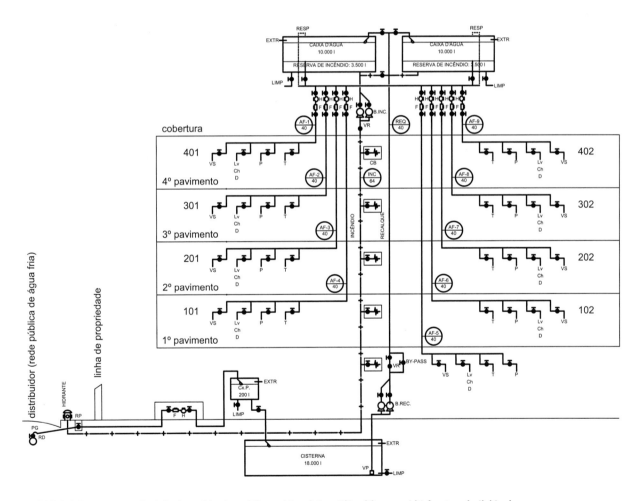

FIGURA 9.2 Esquema vertical de água fria de prédio residencial multifamiliar com hidrômetros individuais.

Fonte: Corrêa (2017) [8].

O exemplo da Figura 9.2 mostra um esquema vertical de água fria onde os hidrômetros individuais estão localizados na casa do barrilete. Isso facilita a leitura rápida dos hidrômetros por estarem no mesmo local.

A seguir, é apresentado o esquema vertical de água fria e água quente de uma casa de dois pavimentos.

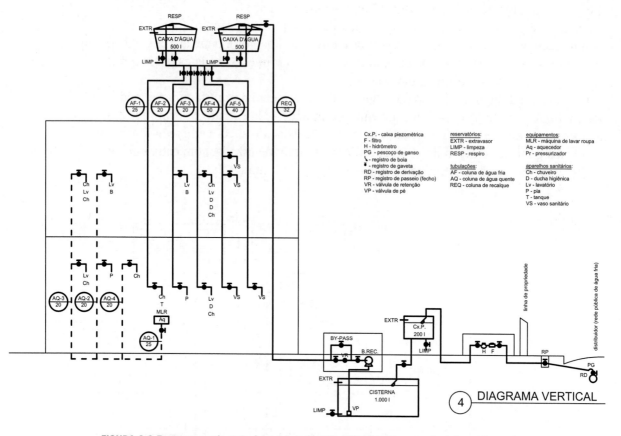

FIGURA 9.3 Esquema vertical de água fria e água quente de uma casa de dois pavimentos.

Fonte: Corrêa (2017) [8].

9.2 Planta baixa de instalações de água fria e água quente

O desenho da planta baixa de arquitetura é aproveitado para localizar as posições das colunas de água fria e água quente que passam ou abastecem o pavimento.

Características do desenho de planta baixa de instalação de água fria e água quente:

- designação de cada compartimento com fonte de 2 mm, localizada em um dos cantos do desenho do compartimento
- posição das colunas de água fria e água quente e de recalque
- indicação da posição da coluna em linha fina, com circunferência de diâmetro de 10 mm em linha média
- numeração das colunas de água fria e água quente, de recalque e de incêndio (quando for o caso) com fonte de 2 mm
- valores dos diâmetros das colunas de água fria e água quente e de recalque e de incêndio (quando for o caso) com fonte de 2 mm
- ramal predial em linha média e respectivo diâmetro com fonte de 2 mm
- tubulações de água fria que passam pelo contrapiso ou pelo teto em linha média contínua

- tubulações de água quente que passam pelo contrapiso ou pelo teto em linha média tracejada
- representação de aparelhos
- não representar quadrículas de piso frio
- escala em 1:50

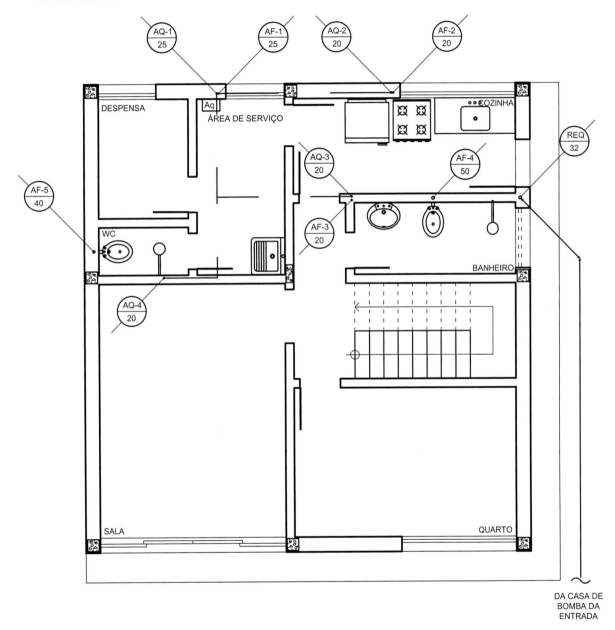

FIGURA 9.4 Planta de instalações de água fria e água quente do primeiro pavimento de uma casa.

Fonte: Corrêa (2017) [8].

174 CAPÍTULO 9 Desenhos de Instalações de Água Fria e Água Quente

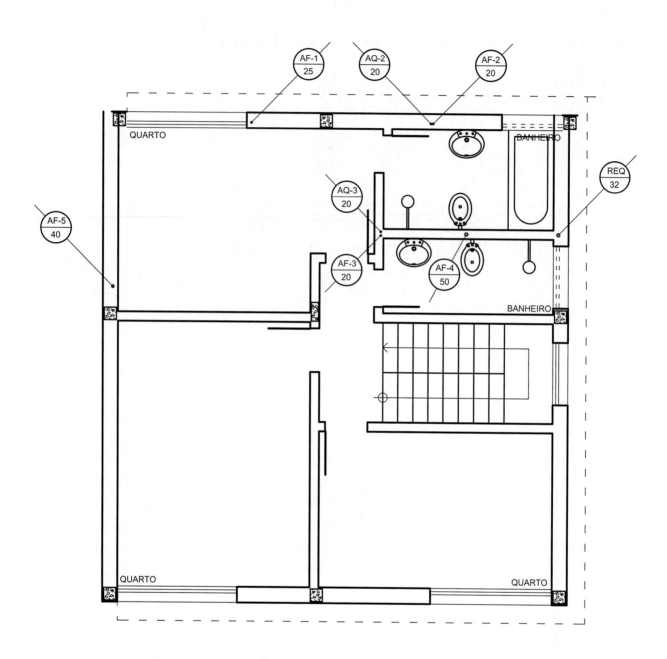

FIGURA 9.5 Planta de instalações de água fria e água quente do segundo pavimento de uma casa.

Fonte: Corrêa (2017) [8].

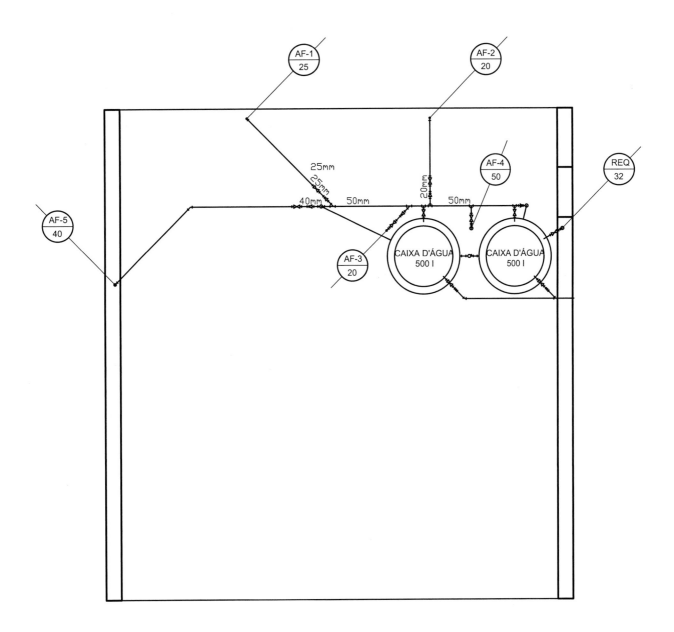

FIGURA 9.6 Planta de instalações de água fria do sótão de uma casa.

Fonte: Corrêa (2017) [8].

9.3 Desenhos de detalhe de instalações de água fria e água quente

Conforme visto em desenho de instalações hidráulicas, os detalhes são apresentados em planta (vista superior), elevação (vista frontal, vistas laterais e vista posterior, conforme for necessário) e desenho isométrico. Caso seja necessário, podem ser apresentadas outras elevações, como vistas laterais.

A fim de facilitar o entendimento das saídas das tubulações, pode-se mostrar a projeção do compartimento com seus aparelhos.

Características do desenho de detalhe instalação de água fria e água quente:

- indicação da posição da coluna em linha fina, com circunferência de diâmetro 10 mm em linha média
- numeração das colunas de água fria e água quente, de recalque e de incêndio com fonte de 2 mm
- valores dos diâmetros das colunas de água fria e água quente, de recalque e de incêndio com fonte de 2 mm
- cotas com fonte de 2 mm
- tubulações de água fria e de recalque em linha média contínua
- tubulações de água quente em linha média tracejada
- tubulações de incêndio em linha média traço-cruz
- representação de aparelhos, do compartimento e nível do piso em linha extrafina
- não representar quadrículas de piso frio
- quadro contendo tipos de conexões e válvulas e suas respectivas quantidades, bem como o comprimento total de tubo em metros
- escala em 1:50 ou 1:25

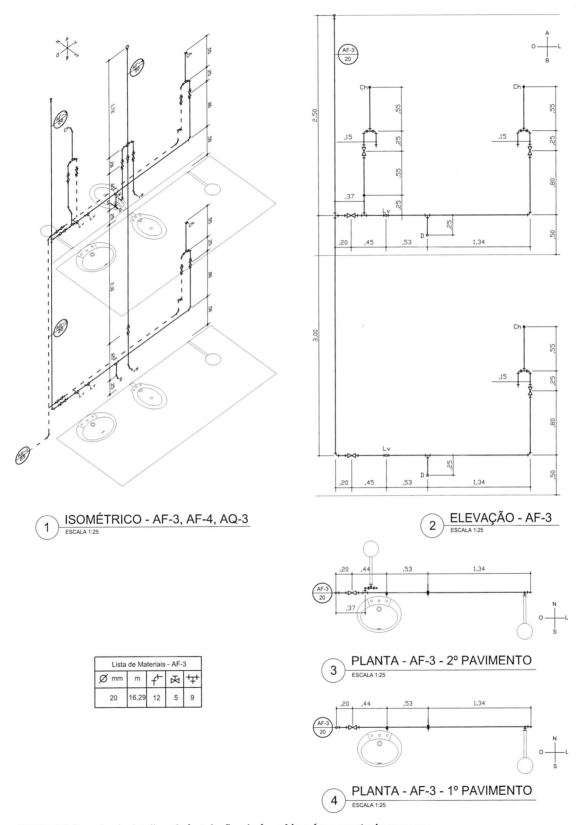

FIGURA 9.7 Desenho de detalhes de instalações de água fria e água quente de uma casa.

Fonte: Corrêa (2017) [8]

9.4 Pré-dimensionamento das tubulações de água fria e água quente

O pré-dimensionamento dessas e de outras tubulações hidráulicas é feito para saber como as prumadas e ramais de hidráulica interferem na arquitetura e na estrutura e assim poder fazer a compatibilização dessas disciplinas de projeto. Cada aparelho possui um peso de contribuição que é calculado pela vazão de água fria requerida para seu funcionamento.

Sabendo o peso requerido ou a vazão, o diâmetro da tubulação de água fria é determinado.

TABELA 9.1 Pesos dos aparelhos e pré-dimensionamento das tubulações

Aparelhos	Peso
banheira	1
chuveiro	0,5
ducha higiênica	0,1
lavatório	0,5
máquina de lavar pratos	1
máquina de lavar roupa	1
pia de cozinha	0,7
tanque de lavar	1
vaso sanitário com caixa de descarga	0,3
vaso sanitário com válvula de descarga	40

Soma dos pesos	Vazão (l/s)	Diâmetro (mm)
0,1 a 0,4	0,1 a 0,2	15
0,5 a 3,3	0,2 a 0,56	20
3,4 a 14,7	0,56 a 1,15	25
14,8 a 45	1,15 a 2	32
45 a 108	2 a 3,1	40
109 a 460	3,1 a 6,4	50
461 a 1.400	6,4 a 11	65
1.401 a 3.500	11 a 18	80
3.501 a 12.000	18 a 33	100
12.000 a 29.000	33 a 52	125
29.000 a 60.000	52 a 74	150

$$\text{vazão} = 0{,}30 \times (\text{soma dos pesos})^{1/2}$$

Fonte: Adaptação de Creder (1988).

9.5 Organização dos desenhos de instalações de água fria e água quente em prancha

As plantas baixas podem estar acompanhadas do esquema vertical, dependendo do tamanho dos desenhos. Os desenhos de detalhes devem estar em pranchas separadas, como mostra a Figura 9.8.

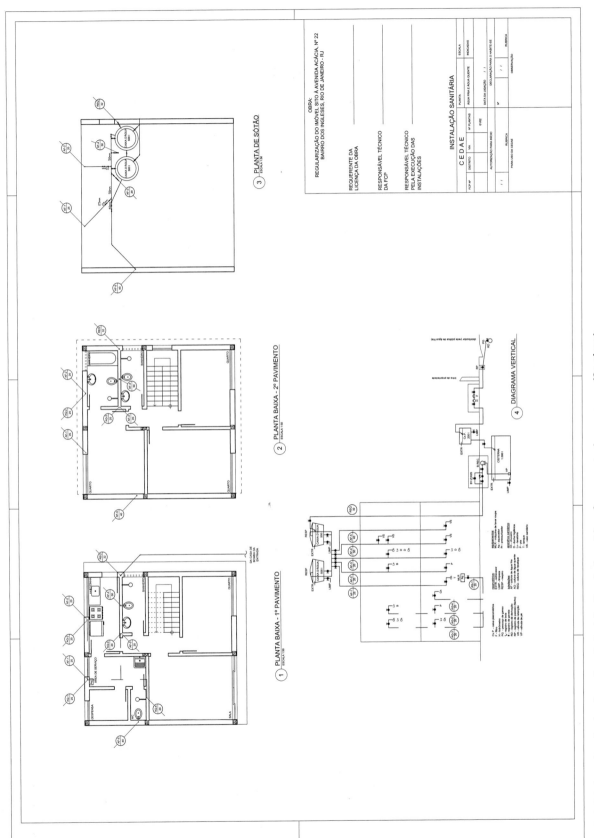

FIGURA 9.8 Organização dos desenhos de instalações de água fria e água quente de uma casa. (Continua)

Fonte: Corrêa (2017) [8].

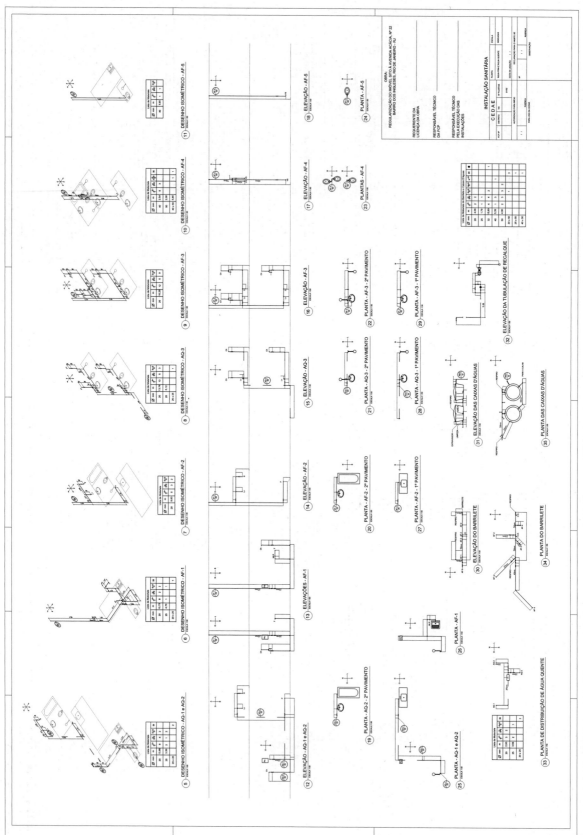

FIGURA 9.8 Organização dos desenhos de instalações de água fria e água quente de uma casa. (Continuação)

Fonte: Corrêa (2017) [8].

CAPÍTULO

10

Desenhos de Instalações de Esgoto e Águas Pluviais

10.1 Esquema ou diagrama vertical de instalações de esgoto e águas pluviais

Esse esquema ou diagrama apresenta as colunas e ramais de esgoto e águas pluviais, conexões, válvulas e reservatórios em linha média e demais traços em linhas finas. As posições das caixas de inspeção, caixas de gordura, caixas de areia, colunas e ramais também são esquematizadas e ordenadas de forma a se ter um entendimento do conjunto da instalação.

Características do desenho de esquema vertical de esgoto e águas pluviais:

- designação de cada componente e legenda com fonte de 2 mm
- colunas e ramais de esgoto em linha média contínua
- colunas e ramais de ventilação de esgoto em linha média tracejada
- colunas e ramais de águas pluviais em linha média tracejada
- indicação da posição da coluna em linha fina, com circunferência de diâmetro 10 mm em linha média
- numeração das colunas de esgoto e águas pluviais com fonte de 2 mm
- valores dos diâmetros das colunas de água fria e água quente e de recalque e de incêndio (quando for o caso) com fonte de 2 mm
- ramal predial em linha média e respectivo diâmetro com fonte de 2 mm
- sem escala

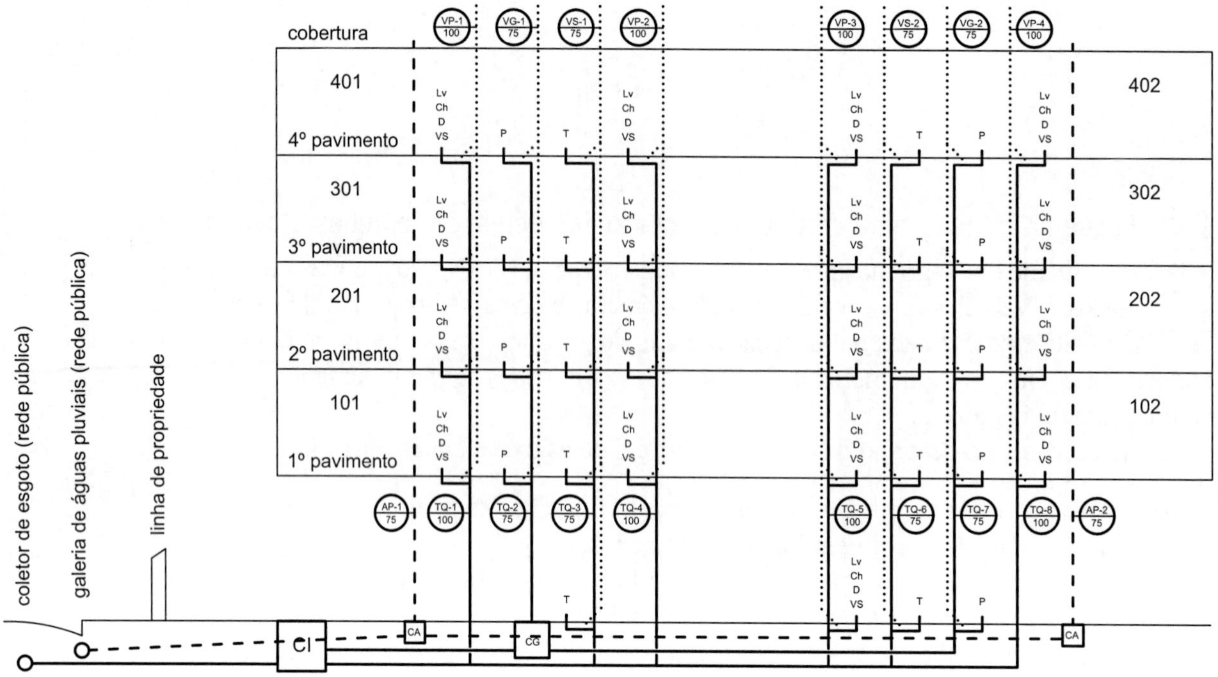

184 CAPÍTULO 10 Desenhos de Instalações de Esgoto e Águas Pluviais

CI - caixa de inspeção
CG - caixa de gordura
CA - caixa de areia

tubulação:
TQ - tubo de queda
CV - coluna de ventilação
AP - coluna de águas pluviais

aparelhos sanitários:
Ch - chuveiro
D - ducha higiênica
Lv - lavatório
P - pia
T - tanque
VS - vaso sanitário

FIGURA 10.1 Esquema vertical de esgoto e águas pluviais de prédio residencial multifamiliar.

Fonte: Corrêa (2017) [8].

As colunas, ramais e caixas de gordura atendem exclusivamente a esgoto de cozinhas. Pode-se fazer uma outra separação para atender apenas esgoto de tanques e máquinas de lavar roupa. As colunas de esgoto que atendem os banheiros são chamadas de tubo de queda.

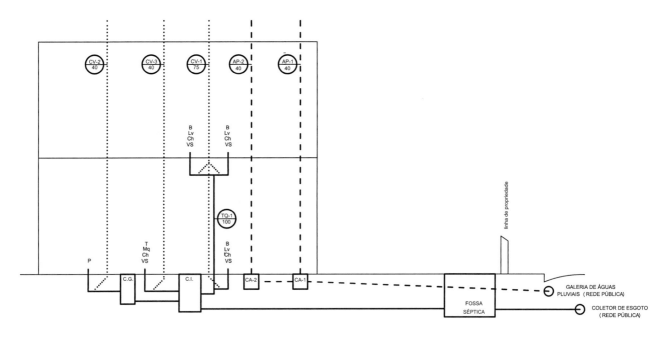

FIGURA 10.2 Esquema vertical de esgoto e águas pluviais de uma casa de dois pavimentos.

Fonte: Corrêa (2017) [8].

10.2 Planta baixa de instalações de esgoto e águas pluviais

O desenho da planta baixa de arquitetura é aproveitado para localizar as posições das colunas que passam ou recebem esgoto e águas pluviais do pavimento.

Características do desenho de planta baixa de instalação de esgoto e águas pluviais:

- designação de cada compartimento com fonte de 2 mm, localizada em um dos cantos do desenho do compartimento
- posição das colunas de esgoto (tubo de queda, coluna de gordura, coluna de ventilação) e de águas pluviais
- indicação da posição da coluna em linha fina, com circunferência de diâmetro 10 mm em linha média
- numeração das colunas com fonte de 2 mm
- valores dos diâmetros das colunas com fonte de 2 mm
- indicação do diâmetro dos ramais e sub-ramais com fonte de 2 mm
- tubulações de esgoto que passam abaixo do contrapiso em linha média contínua
- tubulações de ventilação que passam abaixo do contrapiso em linha média pontilhada
- tubulações de águas pluviais que passam abaixo do contrapiso em linha média tracejada
- representação de aparelhos, ralos sifonados e ralos secos

- representação de caixas de inspeção, caixas de gordura e caixas de areia
- representação de fossa séptica e sumidouro (quando for o caso)
- não representar quadrículas de piso frio
- escala em 1:50

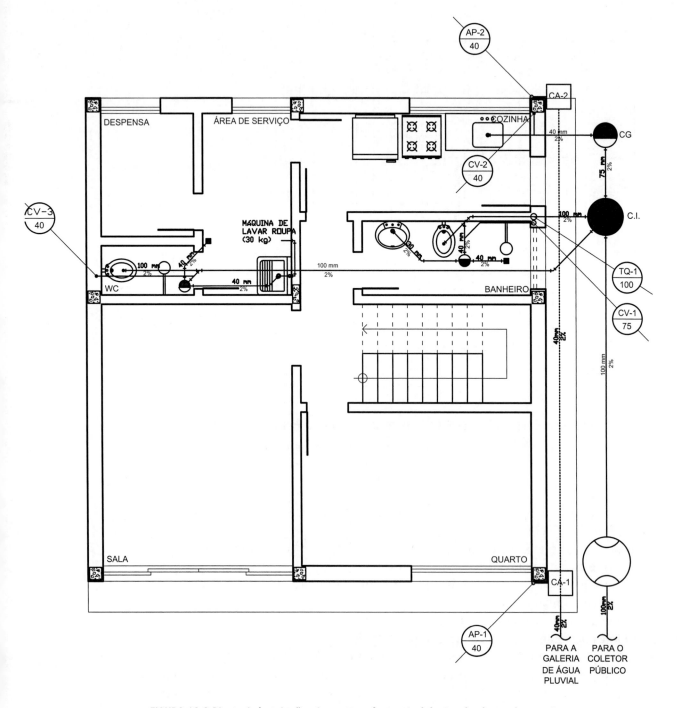

FIGURA 10.3 Planta de instalações de esgoto e águas pluviais do primeiro pavimento de uma casa.

Fonte: Corrêa (2017) [8].

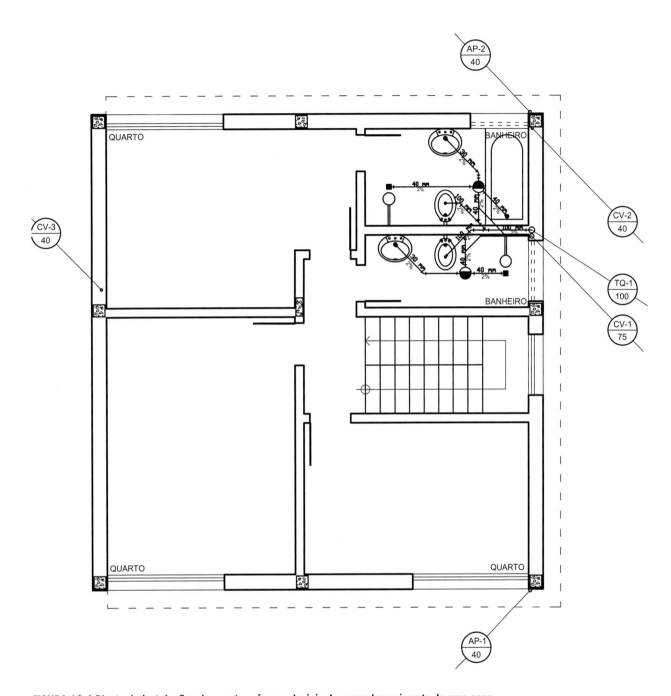

FIGURA 10.4 Planta de instalações de esgoto e águas pluviais do segundo pavimento de uma casa.

Fonte: Corrêa (2017) [8].

10.3 Desenhos de detalhe de instalações de esgoto e águas pluviais

Os desenhos de detalhe dos ramais e sub-ramais de esgoto e águas pluviais seguem o mesmo procedimento usado para água fria. A esses desenhos de detalhes, são acrescidos desenhos isométricos esquemáticos.

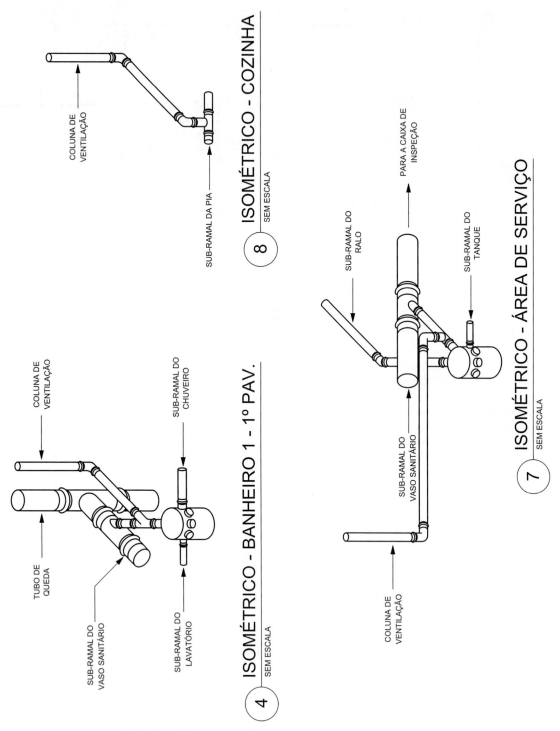

FIGURA 10.5 Desenhos isométricos de ramais e sub-ramais de esgoto do primeiro pavimento de uma casa.

Fonte: Corrêa (2017) [8].

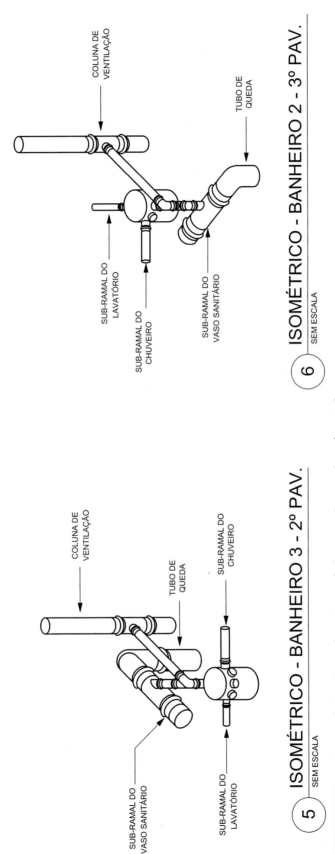

FIGURA 10.6 Desenhos isométricos de ramais e sub-ramais de esgoto do segundo pavimento de uma casa.

Fonte: Corrêa (2017) [8].

10.4 Pré-dimensionamento das tubulações e caixas de esgoto

O pré-dimensionamento das tubulações de esgoto é feito de forma semelhante ao dimensionamento de tubulação de água fria. Conhecendo os pesos ou a soma destes é possível determinar o diâmetro da tubulação de esgoto.

TABELA 10.1 Peso dos aparelhos e respectivos diâmetros dos sub-ramais de esgoto

Aparelhos	Peso	Diâmetro (mm)
banheira	3	40
banheira de hidromassagem	6	75
bebedouro	0,5	30
bide	2	30
chuveiro residencial	2	40
chuveiro coletivo	4	40
lavatório residencial	1	30
lavatório coletivo	1	50
máquina de lavar pratos	10	75
máquina de lavar roupa até 30 kg	10	75
máquina de lavar roupa de 30 a 60 kg	12	100
mictório com válvula de descarga	6	75
mictório com descarga automática	2	40
mictório de calha por metro	2	50
pia de despejo	5	75
pia de cozinha residencial	3	40
pia de cozinha industrial	4	50
ralo de piso	1	30
tanque de lavar	3	40
vaso sanitário	6	100

Fonte: Adaptação de Creder (1988).

TABELA 10.2 Soma dos pesos dos aparelhos e respectivos diâmetros dos ramais e colunas de esgoto

Soma dos pesos	Diâmetro (mm) esgoto	Diâmetro (mm) ventilação	Distância (m)
0,5 e 1	30	30	0,70
1,5 a 2	40	30	1,00
2,5 a 3	40	40	1,00
3,5 a 6	50	40	1,20
6,5 a 12	75	40	1,80
12,5 a 18	75	50	1,80
18,5 a 20	75	75	1,80
20,5 a 160	100	75	2,40
160,5 a 620	150	100	–

Distância (m) – distância máxima de um desconector (ralo sifonado, sifão) à coluna de ventilação.
Fonte: Adaptação de Creder (1988).

TABELA 10.3 Declividade da tubulação de esgoto com relação ao diâmetro

Diâmetro (mm)	Declividade (%)
Até 100	2
50	0,7
200	0,45
250	0,375

Fonte: Adaptação de Creder (1988).

Alguns tipos de caixa de gordura:

- pequena: serve 1 pia = 18 litros, diâmetro interno de 30 cm, tubulação de saída igual a 75 mm
- simples: serve 2 pias = 31 litros, diâmetro interno de 40 cm, tubulação de saída igual a 75 mm
- dupla: serve 12 cozinhas = 120 litros, diâmetro interno de 60 cm, tubulação de saída igual a 100 mm
- prismática = 20 litros + número de pessoas x 2 litros, tubulação de saída igual a 100 mm

Alguns tipos de caixa de inspeção:

- retangular = (0,45 x 0,60) m² com 1,00 m de profundidade
- circular = diâmetro de 0,60 m com 1,00 m de profundidade

10.5 Dimensionamento das tubulações e caixas de águas pluviais

Inicialmente, calcula-se a vazão de projeto com base na área da parte do telhado que receberá água das chuvas e na chuva crítica da localidade. No caso da cidade do Rio de Janeiro, por exemplo, o valor da chuva crítica é 150 mm/hora.

Vazão de Projeto (litros/minuto) = área (m²) x chuva crítica (150 mm/hora) / 60

TABELA 10.4 Determinação dos diâmetros das calhas e colunas de águas pluviais

Calhas semicirculares

Vazão de projeto (l/min) Declividade (%)			Diâmetro (mm)
0,5%	1%	2%	
130	183	256	100
236	333	46	125
384	541	757	50
829	1167	1634	200

Colunas

Área máxima de cobertura (m²)	Diâmetro (mm)
39	50
62	63
88	75
156	100
256	125
342	150
646	200

Fonte: Adaptação de Creder (1988).

Dimensões internas da caixa de areia (cm): 40 x 40 x 40

10.6 Detalhe de ramal externo de águas pluviais

A coluna despeja águas pluviais na caixa de areia que deve ser limpa periodicamente. A caixa de areia descarrega na caixa de ralo (bueiro) através do coletor predial. Da caixa de ralo, as águas pluviais são conduzidas para o coletor público.

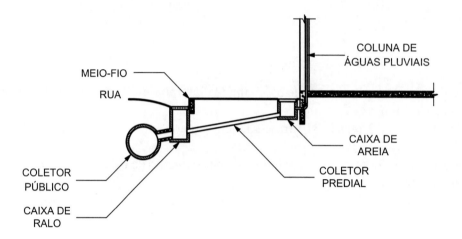

FIGURA 10.7 Desenho de detalhe de instalações de ramal externo de águas pluviais de uma casa.
Fonte: Corrêa (2017) [8].

10.7 Organização dos desenhos de instalações de esgoto e águas pluviais em prancha

As plantas baixas devem estar acompanhadas do esquema vertical sempre que possível. Os desenhos de detalhes podem ser colocados em outras pranchas. No exemplo da Figura 10.8 foi possível colocar todos os desenhos numa única prancha.

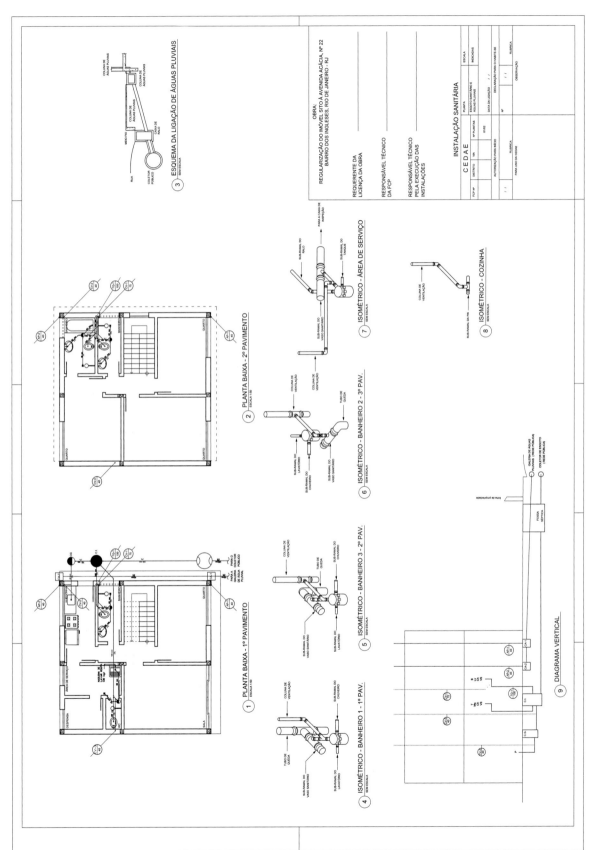

FIGURA 10.8 Organização dos desenhos de esgoto e águas pluviais de uma casa em prancha.

Fonte: Corrêa (2017) [8].

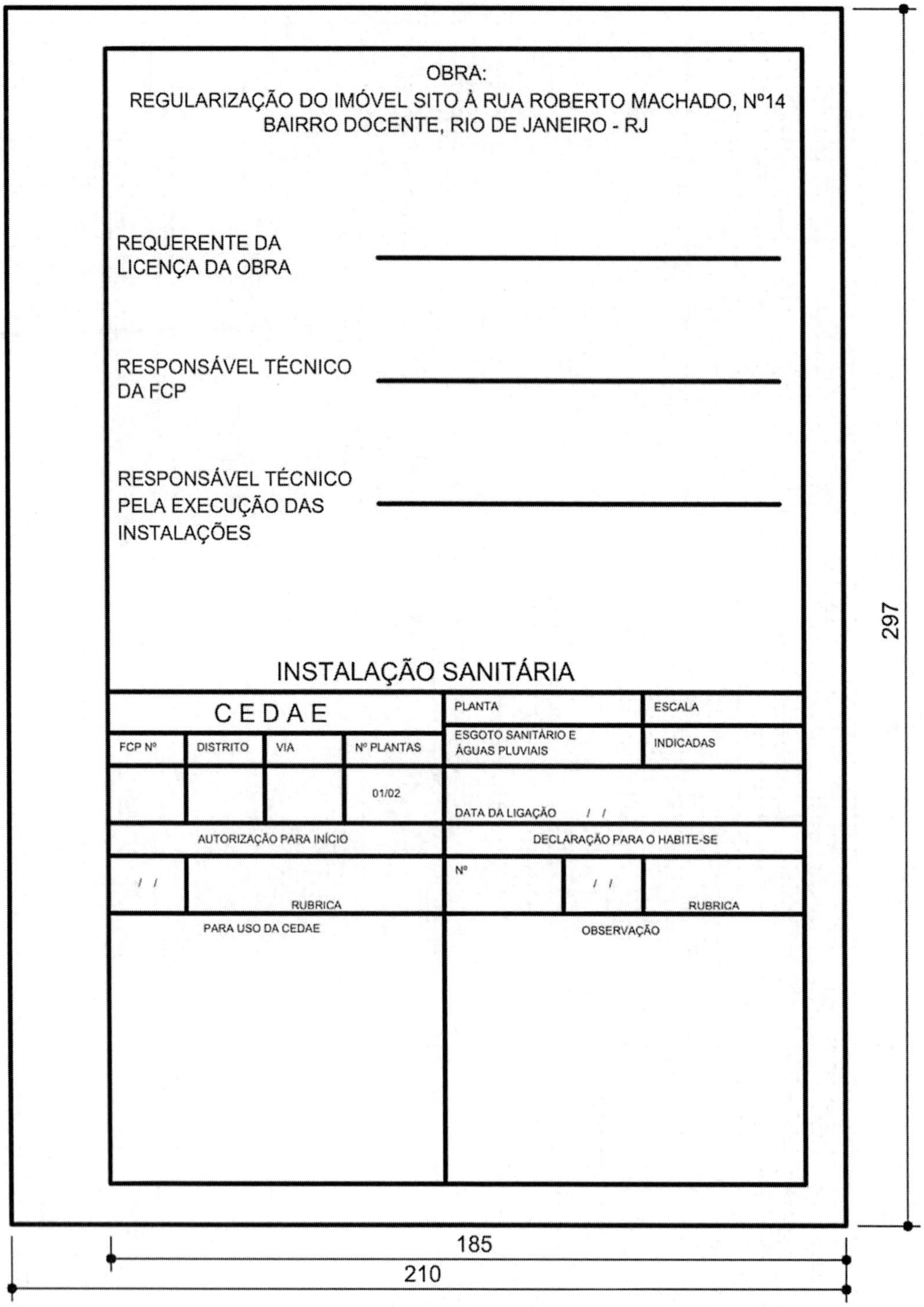

FIGURA 10.9 Modelo de legenda da CEDAE para prancha de desenhos de instalações de esgoto.
Fonte: Corrêa (2017) [8].

CAPÍTULO 11

Desenhos de Instalações de Gás

11.1 Esquema ou diagrama vertical de instalação de gás

O esquema dessa instalação apresenta as colunas e ramais de gás, conexões, válvulas e medidores em linha média e demais traços em linhas finas. As posições dos medidores, colunas e ramais também são esquemáticas e ordenadas de forma a se ter um entendimento do conjunto da instalação.

Características do desenho de esquema vertical de gás:

- designação de cada componente e legenda com fonte de 2 mm
- colunas e ramais de gás em linha média contínua
- indicação da posição da coluna em linha fina, com circunferência de diâmetro 10 mm em linha média
- numeração das colunas de gás com fonte de 2 mm
- valores dos diâmetros das colunas de gás com fonte de 2 mm
- ramal predial em linha média e respectivo diâmetro com fonte de 2 mm
- sem escala

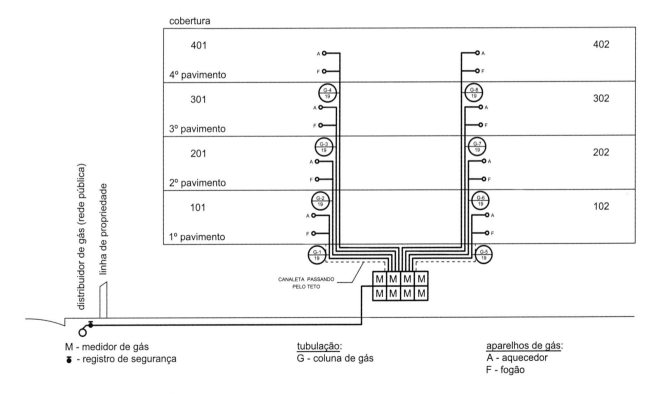

FIGURA 11.1 Esquema vertical de gás de prédio residencial multifamiliar.

Fonte: Corrêa (2017) [8].

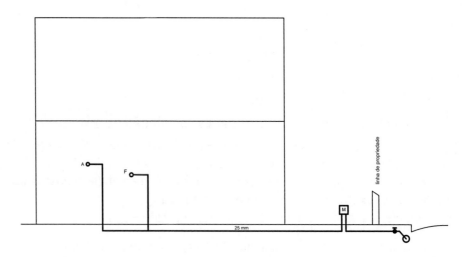

FIGURA 11.2 Esquema vertical de gás de uma casa de dois pavimentos.

Fonte: Corrêa (2017) [8].

11.2 Planta baixa de instalação de gás

Essa planta baixa apresenta a localização das colunas, ramais e sub-ramais de gás. As escalas e as indicações mínimas são as mesmas feitas para instalações de água fria.

Características do desenho de planta baixa de instalação de gás:

- designação de cada compartimento com fonte de 2 mm, localizada em um dos cantos do desenho do compartimento
- posição das colunas de gás
- indicação da posição da coluna em linha fina, com circunferência de diâmetro 10 mm em linha média
- numeração das colunas com fonte de 2 mm
- valores dos diâmetros das colunas com fonte de 2 mm
- indicação do diâmetro dos ramais e sub-ramais com fonte de 2 mm
- tubulações de gás que passam abaixo do contrapiso em linha média traço-ponto
- representação de aparelhos a gás (fogão, aquecedor, entre outros)
- não representar quadrículas de piso frio
- escala em 1:50

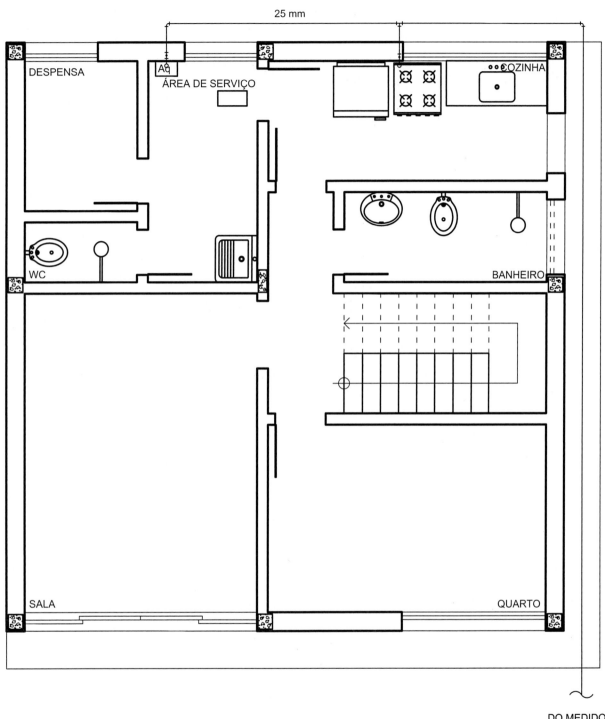

FIGURA 11.3 Planta de instalações de gás do primeiro pavimento de uma casa.

Fonte: Corrêa (2017) [8].

11.3 Desenho isométrico de instalação de gás

Características do desenho isométrico de instalação de gás:

- valores do comprimento e do diâmetro da tubulação com fonte de 2 mm
- tubulações de gás em linha média contínua
- quadro contendo consumo em cada trecho da tubulação e respectivo diâmetro
- escala em 1:100

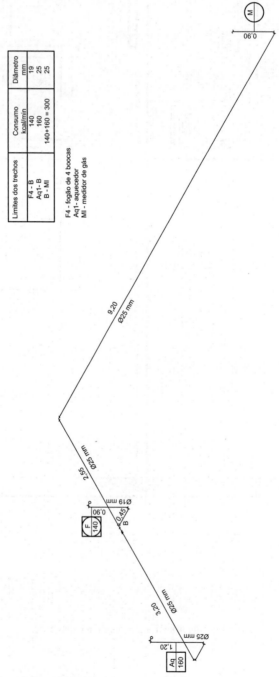

FIGURA 11.4 Desenho isométrico de instalações de gás de uma casa.

Fonte: Corrêa (2017) [8].

11.4 Dimensionamento de tubulação de instalação de gás

Com base no consumo de cada aparelho, os consumos são somados e o total encontrado é multiplicado por um fator de diversificação. Com o valor final encontrado, é determinado o diâmetro da tubulação de gás.

TABELA 11.1 Consumo dos aparelhos

Aparelhos	Consumo (kcal/min)
1 boca simples de fogão	35
1 boca dupla de fogão	45
fogão 4 bocas simples	140
fogão 6 bocas simples	210
aquecedor de água – pequeno	125
aquecedor de água – médio	160
aquecedor de água – grande	200

Fonte: Corrêa (2017) [8].

TABELA 11.2 Determinação da tubulação de gás baseada no consumo

Consumo x fator de diversificação kcal/min	Diâmetro mm
1 a 150	19
151 a 345	25
346 a 655	32
656 a 1.100	40
1.101 a 2.490	50
2.491 a 4.600	64
4.601 a 7.600	75
7.601 a 16.000	100

Fonte: Adaptação de Creder (1988).

TABELA 11.3 Determinação de fator de diversificação relativo ao consumo de gás

\multicolumn{12}{c	}{Fator de diversificação (F)}
Consumo kxcal/min	F	Consumo kxcal/min	F	Consumo kxcal/min	F	Consumo kxcal/min	F	Consumo kxcal/min	F	Consumo kxcal/min	F
Abaixo	1										
1.050	0,89	1.650	0,71	2.700	0,58	4.200	0,45	6.900	0,33	13.000	0,21
1.100	0,86	1.700	0,70	2.800	0,56	4.300	0,44	6.900	0,32	14.000	0,20
1.150	0,84	1.750	0,69	3.000	0,55	4.500	0,43	7.200	0,31	15.250	0,19
1.200	0,82	1.800	0,68	3.100	0,54	4.600	0,42	7.500	0,30	16.500	0,18
1.250	0,80	1.900	0,67	3.200	0,53	4.800	0,41	7.900	0,29	18.000	0,17
1.300	0,78	1.950	0,66	3.300	0,52	5.000	0,40	8.200	0,28	19.750	0,16
1.350	0,77	2.100	0,64	3.400	0,51	5.200	0,39	8.700	0,27	21.750	0,15
1.400	0,76	2.200	0,63	3.600	0,50	5.400	0,38	9.200	0,26	24.000	0,14
1.450	0,75	2.300	0,62	3.700	0,49	5.600	0,37	10.000	0,25	27.000	0,13
1.500	0,74	2.400	0,61	3.800	0,48	5.800	0,36	10.750	0,24	33.000	0,12
1.550	0,73	2.500	0,60	3.900	0,47	6.000	0,35	11.500	0,23	41.750	0,11
1.600	0,72	2.600	0,59	4.100	0,46	6.300	0,34	12.250	0,22	54.000	0,10

Fonte: Adaptacão de Creder (1988).

11.5 Organização dos desenhos de instalação de gás em prancha

As plantas baixas devem estar acompanhadas do esquema vertical sempre que possível. Os desenhos de detalhes podem ser colocados em outras pranchas. Na Figura 11.5 foi possível colocar todos os desenhos numa única prancha.

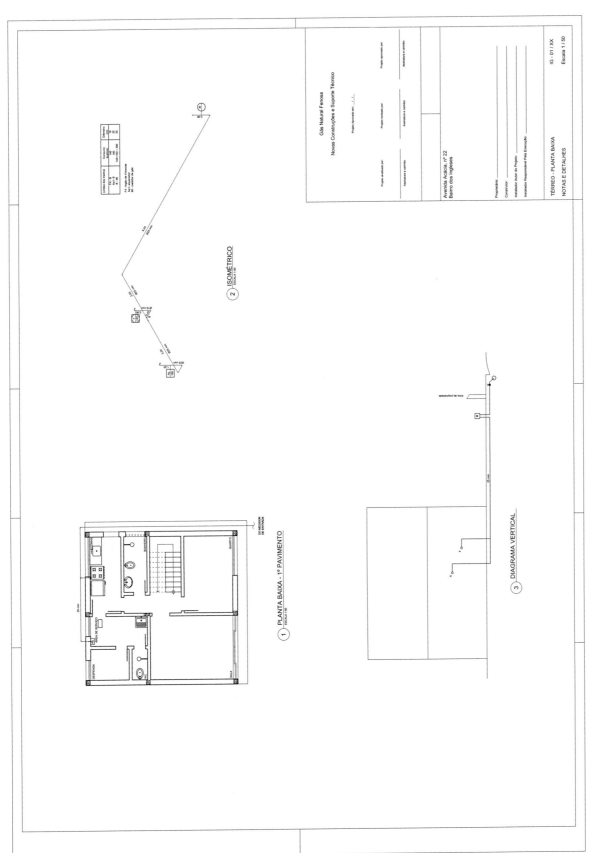

FIGURA 11.5 Organização dos desenhos de gás de uma casa em prancha.

Fonte: Corrêa (2017) [8].

A legenda das pranchas, que contêm as plantas de gás, obedece ao seguinte padrão adotado pela CEG, concessionária de serviços de gás do Estado do Rio de Janeiro.

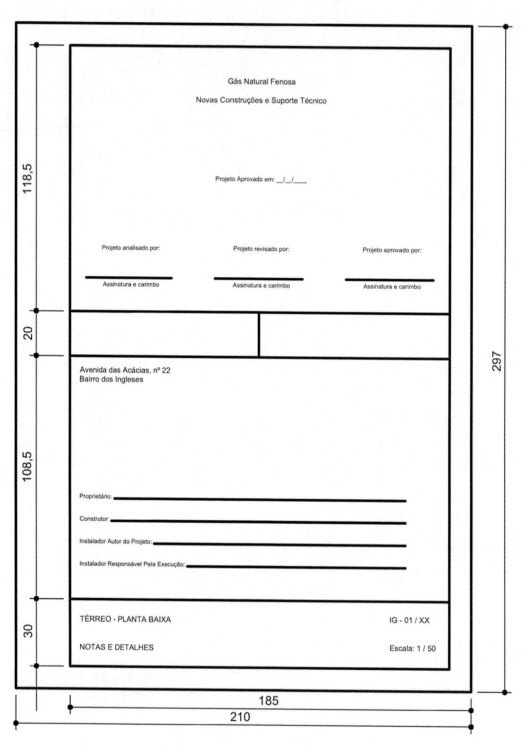

FIGURA 11.6 Modelo de legenda da CEG para prancha de desenhos de instalações de gás.
Fonte: Corrêa (2017) [8].

CAPÍTULO

12

Desenho de Instalação Elétrica Predial

A energia elétrica é gerada na usina (hidroelétrica, termoelétrica, nuclear...) através de geradores trifásicos de corrente alternada com 60 ciclos por segundo (60 Hz) e, geralmente, tensão de 13,8 kV. A subestação elevadora, junto à geração, aumenta a tensão (69 kV, 138 kV, 230 kV, 440 kV ou 500 kV) e a corrente elétrica é conduzida por linhas de transmissões até as subestações abaixadoras (11 kV, 15 kV, 34,5 kV ...).

Depois, postes ou dutos subterrâneos comportam a rede de distribuição primária (alta tensão) até os transformadores que baixam para a tensão de utilização (380/220 V, 220/127 V, 220/110 V ...) para a rede de distribuição secundária (baixa tensão). No Rio de Janeiro, a tensão de utilização fase-neutro é de 120 V.

A rede de baixa tensão é derivada em ramais (externos) que conduzem a energia elétrica até as caixas seccionadoras localizadas nos imóveis dos consumidores.

O Gerador gera energia elétrica quando seu eixo magnético gira. A Figura 12.1 representa um corte de um gerador bipolar (de dois polos magnéticos). Nas usinas hidroelétricas, são usados geradores tetrapolares (de quatro polos).

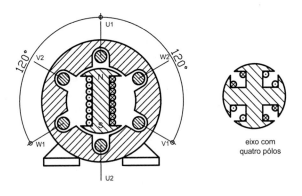

FIGURA 12.1 Corte de gerador bipolar e eixo de quatro polos.

Fonte: Corrêa (2017) [10].

As tensões e correntes alternadas são geradas com 60 ciclos por segundo (60 Hz) e ficam defasadas de 120° entre si.

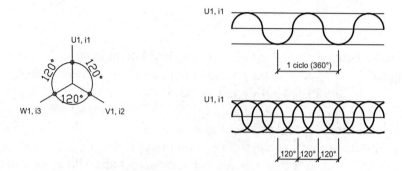

FIGURA 12.2 Curvas senoides de corrente alternada defasadas de 120° entre si.
Fonte: Corrêa (2017) [10].

A subestação elétrica elevadora aumenta a tensão para a energia ser transmitida pela rede de alta tensão. Depois de percorrer grandes distâncias, a tensão é reduzida na subestação elétrica abaixadora para a eletricidade ser transmitida pela rede primária de distribuição.

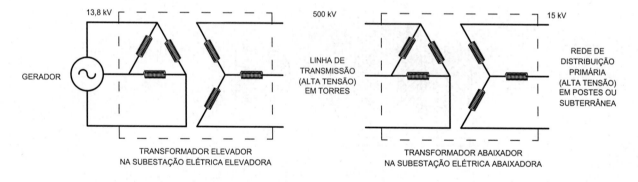

FIGURA 12.3 Esquema de geração e transmissão de energia elétrica.
Fonte: Corrêa (2017) [10].

O transformador do poste ou de uma subestação elétrica abaixadora subterrânea diminui a tensão para a energia de consumo, transmitindo para a rede de distribuição secundária que abastecerá a iluminação pública e os consumidores.

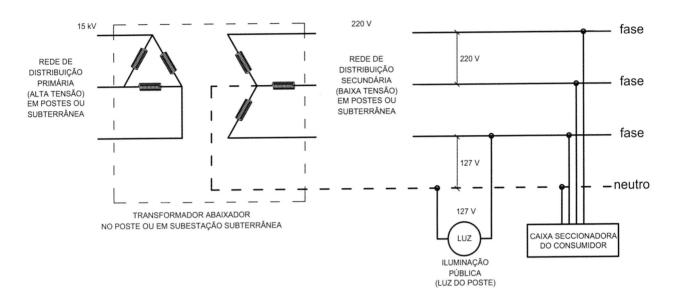

FIGURA 12.4 Esquema de transmissão de energia elétrica nas cidades.

Fonte: Corrêa (2017) [10].

A diferença entre tensão de duas fases é igual a 220 V, e entre uma fase e o neutro é 127V.

$$V_{FN} = \frac{V_{FN}}{\sqrt{3}} = \frac{220 \text{ V}}{\sqrt{3}} = 127 \text{ V}$$

A Figura 12.5 mostra uma ligação aérea para uma casa. A entrada de energia elétrica se dá na caixa seccionadora. O ramal externo fica desta caixa para fora da casa e é de responsabilidade da concessionária de energia elétrica. Da caixa seccionadora para dentro do imóvel, a responsabilidade é do proprietário.

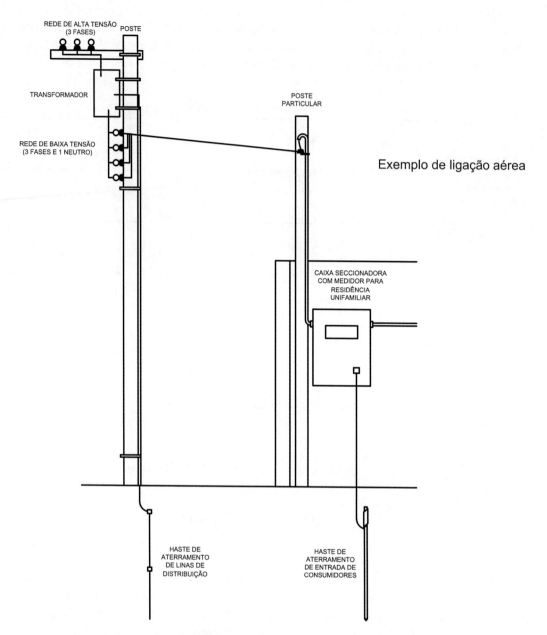

FIGURA 12.5 Ligação aérea de energia elétrica de uma casa.

Fonte: Corrêa (2017) [10].

Existem dois tipos de simbologia para o projeto de instalações elétricas prediais, sendo uma usual e outra apresentada pela norma. Mas essas simbologias têm sido modificadas ao longo do tempo. A Tabela 12.1 apresenta uma simbologia atual adotada internacionalmente.

TABELA 12.1 Simbologia para desenho de instalações elétricas prediais

ponto de luz	no teto	⊕	quadro terminal de luz e força		■
	na parede		quadro geral de luz e força	não embutido	
	fluorescente não embutido			embutido	
	fluorescente embutido		medidor de luz		MED
circuito que	sobe		caixa de telefone		
	desce		eletroduto	no teto ou na parede	—
	passa			no piso	-----
tomada de luz	na parede	baixa	tabulação para telefone	externo	— — —
		meio alta		interno	
		alta		neutro	
	no piso		condutores	fase	
	no teto			retorno	
tomada de força	na parede			retorno de campanha	
	no piso			terra	
	no teto		botão de minuteria		Ⓜ
interruptor simples de	uma seção		minuteria		M
	duas seções		ligação a terra		
	três seções		fusível		
interruptor paralelo ("three-way")			disjuntor	a seco	
interruptor intermediário ("four-way")				a óleo	
botão de campainha		⊙	chave seccionadora abertura com fusível	em carga	
cigarra		□		sem carga	
campainha			chave blindada		
saída para telefone	interno		chave reversora		
	externo		relé fotoelétrico		
tomada ara rádio e tv			interruptor automático por presença		
caixa de passagem	na parede	Ⓟ	transformador de corrente		
	no piso	P	transformador de potencial		
ventilador no teto			motor		M
			gerador		G

Fonte: Corrêa (2017) [10].

A seguir, são apresentados esquemas de ligação elétrica e suas respectivas representações em desenho de instalações elétricas.

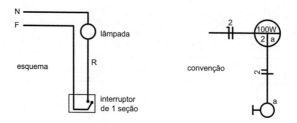

FIGURA 12.6 Centro de luz e interruptor de uma seção.
Fonte: Corrêa (2017) [10].

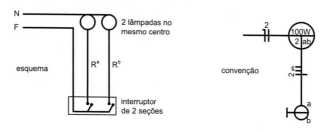

FIGURA 12.7 Centro de luz e interruptor de duas seções.
Fonte: Corrêa (2017) [10].

FIGURA 12.8 Dois centros de luz e interruptor de duas seções.
Fonte: Corrêa (2017) [10].

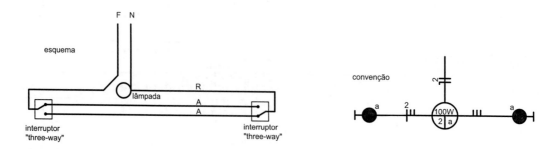

FIGURA 12.9 Centro de luz e dois interruptores paralelos ("three-way").
Fonte: Corrêa (2017) [10].

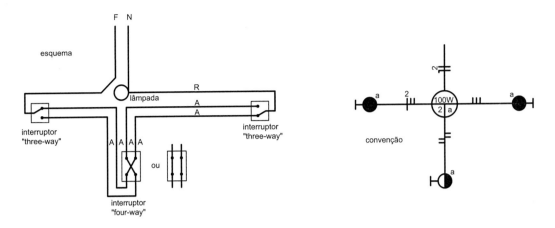

FIGURA 12.10 Centro de luz, dois interruptores paralelos ("three-way") e um interruptor "four-way".

Fonte: Corrêa (2017) [10].

8.3.1. Tomada tirada de outra caixa de passagem

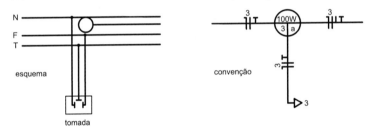

FIGURA 12.11 Tomada tirada de outra caixa de passagem.

Fonte: Corrêa (2017) [10].

8.3.2. Tomada tirada de interruptor

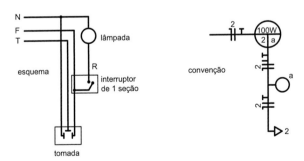

FIGURA 12.12 Tomada tirada de interruptor.

Fonte: Corrêa (2017) [10].

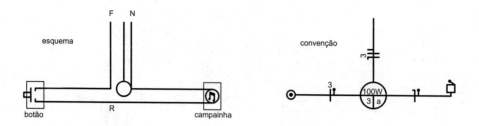

FIGURA 12.13 Campainha.
Fonte: Corrêa (2017) [10].

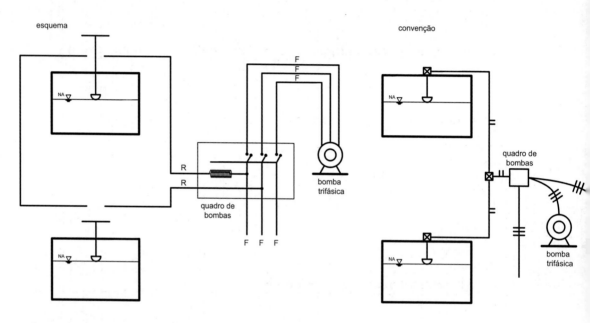

FIGURA 12.14 Bomba de recalque.
Fonte: Corrêa (2017) [10].

O número de fases para um quadro de luz de unidade residencial depende da carga total instalada ou se existem circuitos bifásicos e trifásicos. No caso de haver apenas circuitos monofásicos, adota-se o critério da Tabela 12.2.

TABELA 12.2 Tipos de quadro de luz com circuitos monofásicos

Carga total instalada	Quadro de luz
até 4.000 W	monofásico
de 4.000 a 8.000 W	bifásico
acima de 8.000 W	trifásico

Fonte: Corrêa (2017) [10].

Pelo mesmo critério, se houver pelo menos um circuito bifásico e a carga instalada for maior que 8.000 W, o quadro de luz deverá ser trifásico. Os circuitos elétricos devem:

- ser equilibrados com cargas totais bastante próximas entre si
- ter carga total máxima de 1.200 W

Com relação aos pontos de luz, independentemente do tipo de lâmpada (incandescente, fluorescente ou led), considera-se para efeito de dimensionamento dos circuitos as seguintes cargas no ponto de luz:

TABELA 12.3 Carga dos pontos de luz com relação à área

Área	Ponto de luz
menor que 6 m²	60 W
de 6 m² a 10 m²	100 W
acima de 10 m²	100 W + 60 W por 4 m² adicional

Fonte: Corrêa (2017) [10].

Sobre as tomadas, elas devem ser distribuídas da seguinte forma:

TABELA 12.4 Quantidade de tomada por compartimento

Local		quantidade de tomadas	Uso geral
sala, quarto, escritório	área útil < 8 m²	1 no mínimo	100 W
	área útil > 8 m²	1 para cada 5,00 de perímetro	100 W
banheiro		1 no mínimo, junto ao lavatório	600 W
copa e cozinha		1 para cada 3,50 de perímetro	600 W*
área de serviço		1 no mínimo	600 W*
subsolo, garagem, varanda		1 no mínimo	100 W

Fonte: Corrêa (2017) [10].

A posição das tomadas depende da localização do aparelho e se o piso é lavável.

TABELA 12.5 Altura das tomadas

Posição	Altura	Local
tomada baixa	0 a 0,30 m	pisos não laváveis: sala, quarto, escritório
tomada meio alta	1,0 a 1,30 m	pisos laváveis: banheiro, copa, cozinha, área de serviço, subsolo, garagem, varanda
tomada alta	2,00 m	chuveiro elétrico, ar-condicionado

Fonte: Corrêa (2017) [10].

Cada aparelho elétrico possui uma carga que deve ser considerada para o dimensionamento dos condutores do circuito. Existem três tipos de tomada:

- tomada de uso geral (TUG), de 100 W ou 600 W;
- tomada de uso específico (TUE) para aparelhos com carga superior a 600 W;
- tomadas de força para motores trifásicos.

TABELA 12.6 Tomadas de uso comum e de uso específico

Tomada de uso específico	Carga (W)
aquecedor	1.550
ar-condicionado 7.500 BTU	1.000
ar-condicionado 10.000 BTU	1.350
ar-condicionado 12.000 BTU	1.450
ar-condicionado 15.000 BTU	2.000
ar-condicionado 18.000 BTU	2.100
forno de micro-ondas	1.200
boiler 50 a 60 litros	1.500
boiler 200 a 500 litros	2.050
boiler 1000 litros	3.000
bomba monofásica 1/2 hp	650
bomba monofásica 1 hp	850
máquina de lavar pratos	1.500
chuveiro elétrico	3.600
máquina de secar roupa	4.000

Tomada de força (trifásica)	carga hp	carga W	Disjuntor A
compactador	5	3.730	30
elevador	10	7.460	60
bomba de recalque	3	2.238	60
bomba de incêndio	3	2.238	20

Fonte: Corrêa (2017) [10].

12.1 Esquema ou diagrama vertical de instalação elétrica predial

O esquema vertical de instalação elétrica apresenta as prumadas e ramais por onde passam os condutores elétricos, os quadros de luz e força, medidores, caixa seccionadora, automático-boia, caixas de passagem e outros componentes elétricos em linha média e demais traços em linhas finas. As posições desses componentes são esquemáticas e ordenadas de forma a se ter um entendimento do conjunto da instalação.

Características do desenho de esquema vertical de instalação elétrica:

- designação de cada componente e legenda com fonte de 2 mm
- prumadas e ramais dos condutores em linha média contínua
- indicação dos condutores e suas seções em milímetros quadrados
- quadros de luz e força, medidores, caixa seccionadora, automático-boia, caixas de passagem em linha média
- legenda com significado dos componentes abreviados com fonte de 2 mm
- sem escala

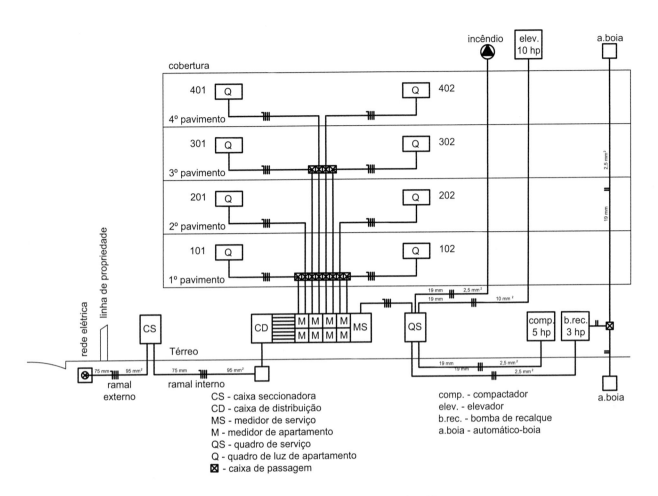

FIGURA 12.15 Esquema vertical de instalação elétrica de prédio residencial multifamiliar.

Fonte: Corrêa (2017) [10].

Na Figura 12.15, o ramal interno liga a caixa seccionadora a um quadro de distribuição que alimenta os medidores. De cada medidor saem os condutores para os respectivos quadros dos apartamentos e para quadro de serviço. Este quadro alimenta os circuitos de luz e tomadas das áreas comuns e os quadros de força (bombas de recalque e de incêndio, elevadores, compactadores, entre outros). Para as prumadas dos apartamentos, são instaladas caixas de passagem a cada dois andares que facilitam a manutenção no caso de haver necessidade de substituição de fiação.

Para a casa, as instalações são mais simples. No caso de haver dois pavimentos, como no exemplo da Figura 12.16, pode-se optar por instalar um quadro secundário no segundo andar que fará a distribuição dos circuitos nesse pavimento, facilitando a manutenção.

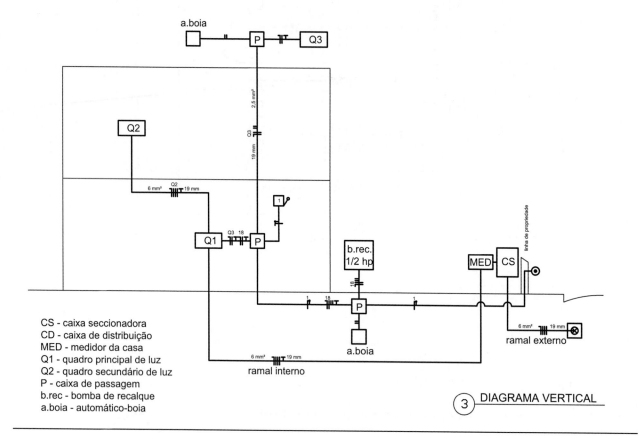

FIGURA 12.16 Esquema vertical de instalação elétrica de uma casa.
Fonte: Corrêa (2017) [10].

12.2 Planta baixa de instalação elétrica

A planta baixa de arquitetura é usada para localizar as posições dos quadros e pontos de luz, tomadas, interruptores e caixas de passagem, bem como indicar os eletrodutos de ligação desses elementos elétricos e seus respectivos condutores (fases, neutro, retorno, terra, auxiliares).

- Características do desenho de planta baixa de instalação elétrica:
- designação de cada compartimento com fonte de 2 mm, localizada em um dos cantos do desenho do compartimento
- posição das prumadas, quadros e pontos de luz, tomadas, interruptores e caixas de passagem
- indicação de eletrodutos e seus respectivos condutores (fases, neutro, retorno, terra, auxiliares)

- numeração dos circuitos, pontos de luz e tomadas com fonte de 2 mm
- valores das tomadas acima de 100 W com fonte de 2 mm
- nome dos aparelhos das tomadas de uso específico com fonte de 2 mm
- valores dos diâmetros dos eletrodutos e seções dos condutores com fonte de 2 mm
- desenhos de pontos de luz, tomadas e interruptores em linha média
- eletrodutos que passam pelo teto ou pela parede em linha média contínua
- eletrodutos que passam pelo piso em linha média tracejada
- não representar aparelhos
- não representar quadrículas de piso frio
- escala em 1:50

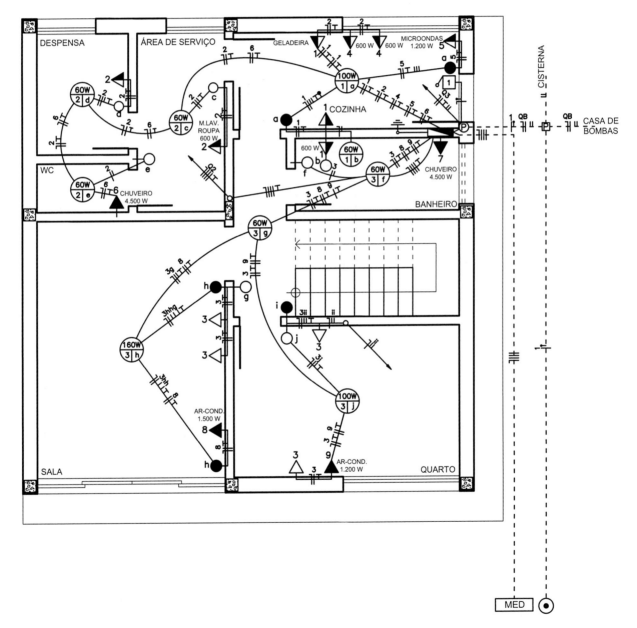

FIGURA 12.17 Planta de instalação elétrica do primeiro pavimento de uma casa.

Fonte: Corrêa (2017) [10].

CAPÍTULO 12 Desenho de Instalação Elétrica Predial

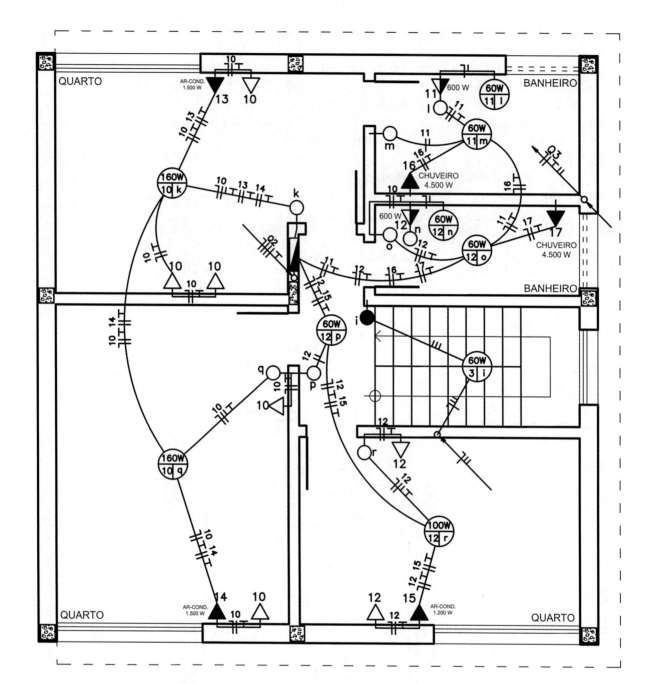

FIGURA 12.18 Planta de instalação elétrica do segundo pavimento de uma casa.

Fonte: Corrêa (2017) [10].

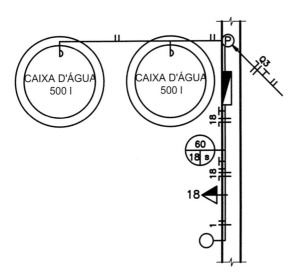

FIGURA 12.19 Planta de instalação elétrica do sótão de uma casa.

Fonte: Corrêa (2017) [10].

12.3 Diagrama dos quadros de luz e força

O desenho de instalação elétrica em planta baixa é um diagrama unifilar. Para facilitar o entendimento de como os circuitos se relacionam com os quadros de luz e força, também é feito um diagrama unifilar, só que retificado, conforme mostra a Figura 12.20. Esse diagrama apresenta os circuitos e seus respectivos condutores e dispositivos de proteção que, neste caso, são os disjuntores.

Características do desenho de diagrama unifilar:

- nome dos circuitos e valor de seus disjuntores com fonte de 2 mm
- eletrodutos dos circuitos retificados e seus respectivos condutores (fases, neutro, terra) e dispositivos de proteção em linha média contínua
- contorno de caixa seccionadora e quadros em linha fina tracejada
- valores das seções dos condutores com fonte de 2 mm
- sem escala

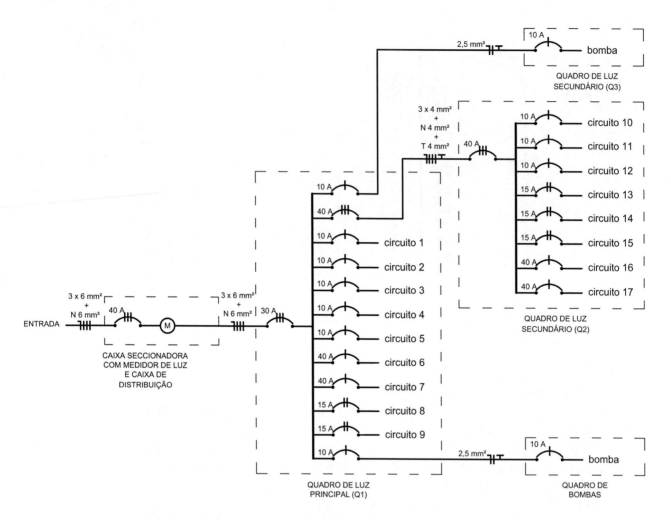

FIGURA 12.20 Diagrama unifilar de instalação elétrica de uma casa.

Fonte: Corrêa (2017) [10].

Para facilitar a montagem de um quadro de luz ou de força, é feito um diagrama trifilar. Neste caso, os condutores são desenhados separadamente. Este diagrama apresenta também os dispositivos de proteção.

Características do desenho de diagrama unifilar:

- nome do quadro e dos circuitos e valor de seus disjuntores com fonte de 2 mm
- condutores dos circuitos retificados e dispositivos de proteção em linha média contínua
- contorno do quadro em linha fina
- sem escala

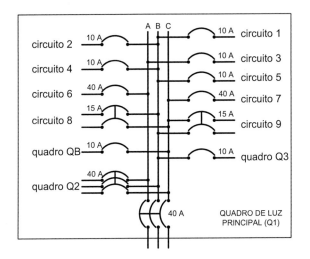 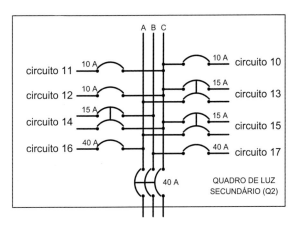

FIGURA 12.21 Diagramas trifilares dos quadros de luz de uma casa.

Fonte: Corrêa (2017) [10].

12.4 Quadro de cargas

O quadro de cargas permite visualizar a quantidade de componente (ponto de luz e tomada) por circuito, a quantidade de carga de cada um deles e como essa carga está distribuída nas três fases (A, B e C). Com base na informação das cargas, é possível equilibrar os circuitos e as fases para que essas fiquem, pelo menos, com valores próximos, da mesma forma os circuitos de luz e tomadas de uso geral.

TABELA 12.7 Quadros de carga da instalação elétrica de uma casa

Quadro de Cargas – Q1													
Circ.	Iluminação (W)			Tomadas (W)					Total (W)	Disj. (A)	Cabo (mm²)	Fase (W)		
	60	100	160	100	600	1200	1500	4500				A	B	C
1	1	1	-	2	1	-	-	-	960	10	2,5	-	960	-
2	3	-	-	1	1	-	-	-	880	10	2,5	-	880	-
3	3	1	1	4	-	-	-	-	840	10	2,5	840	-	-
4	-	-	-	-	2	-	-	-	1.200	10	2,5	-	1.200	-
5	-	-	-	-	-	1	-	-	1.200	10	2,5	-	1.200	1
6	-	-	-	-	-	-	-	1	4.500	10	4	4;500	-	-
7	-	-	-	-	-	-	-	1	4.500	10	4	-	-	4.500
8	-	-	-	-	-	-	1	-	1.500	40	2,5	-	750	750
9	-	-	-	-	-	1	-	-	1.200	40	2,5	-	750	750
Soma	7	2	1	7	4	2	1	2	16.780	45	-	5.340	5.740	6.000
Q2									15.760	45	6	5.850	5.250	4.660
Q3									160	10	2,5	-	160	-
QB									650	10	2,5	-	-	650
Total									33.350	70	6	11.190	11.150	11.310

(continua)

(*continuação*)

Quadro de Cargas – Q2

Circ.	Iluminação (W) 60	Iluminação (W) 100	Iluminação (W) 160	Tomadas (W) 100	Tomadas (W) 600	Tomadas (W) 1200	Tomadas (W) 1500	Tomadas (W) 4500	Total (W)	Disj. (A)	Cabo (mm²)	Fase (W) A	Fase (W) B	Fase (W) C
10	-	-	2	5	-	-	-	-	820	10	2,5	-	-	820
11	2	-	-	-	1	-	-	-	720	1010	2,5	-	-	720
12	3	1	-	2	1	-	-	-	1020	10	2,5	-	-	1.020
13	-	-	-	-	-	-	1	-	1500	10	4	750	-	750
14	-	-	-	-	-	-	1	-	1500	10	4	-	750	750
15	-	-	-	-	-	1	-	-	1200	10	4	600	-	600
16	-	-	-	-	-	-	-	1	4500	40	6	4.500	-	-
17	-	-	-	-	-	-	-	1	4500	40	6	-	4.500	-
Soma	5	1	2	7	2	1	2	2	15.760	45	6	5.850	5.250	4.660

Quadro de Cargas – Q3

Circ.	Ilum. (W) 60	Ilum. (W) 100	Tom. (W) 100	Tom. (W) 600	Total (W)	Disj (A)	Cabo (mm²)	Fase B
18	1	-	1	-	160	10	2,5	160
Sim	1	-	1	-	160	10	2,5	160

Quadro de bombas - QB

Circ.	Total (W)	Disj. (A)	Cabo (mm²)	Fase C
bomba	650	10	2,5	160

Fonte: Corrêa (2017) [10].

12.5 Organização dos desenhos de instalação elétrica predial em prancha

As plantas baixas devem estar acompanhadas do quadro de cargas e dos diagramas unifilar e trifilar correspondentes. O esquema vertical também pode constar na mesma prancha, dependendo do tamanho dos desenhos.

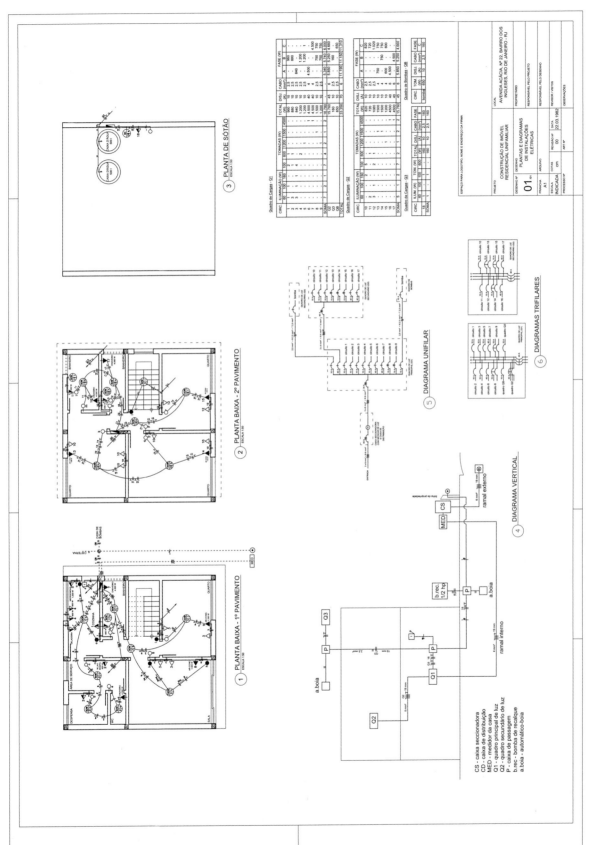

FIGURA 12.22 Organização dos desenhos de instalação elétrica de uma casa em prancha.

Fonte: Corrêa (2017) [10].

Referências

[1] Corrêa, Roberto Machado. (2016) Desenho de arquitetura. Rio de Janeiro: Biblioteca Central do Centro de Tecnologia.
[2] NBR 6492. (1994) Representações de projetos de arquitetura. Rio de Janeiro: Associação Brasileira de Normas Técnicas.
[3] Corrêa, Roberto Machado. (2016) Desenho de estrutura de concreto armado. Rio de Janeiro: Biblioteca Central do Centro de Tecnologia.
[4] Corrêa, Roberto Machado. (2016) Desenho de fundações e locação de pilares. Rio de Janeiro: Biblioteca Central do Centro de Tecnologia.
[5] Corrêa, Roberto Machado. (2016) Desenho de estrutura de madeira. Rio de Janeiro: Biblioteca Central do Centro de Tecnologia.
[6] Corrêa, Roberto Machado. (2016) Desenho de estrutura metálica. Rio de Janeiro: Biblioteca Central do Centro de Tecnologia.
[7] Newman, Morton. (1968) Standard Structural Details For Building Construction. New York: McGraw-Hill Book Company.
[8] Corrêa, Roberto Machado. (2017) Desenho de instalações hidráulicas prediais. Rio de Janeiro: Biblioteca Central do Centro de Tecnologia.
[9] Creder, Hélio. (1988) Instalações hidráulicas e sanitárias. 4ª ed. Rio de Janeiro: LTC.
[10] Corrêa, Roberto Machado. (2017) Desenho de instalações elétricas prediais. Rio de Janeiro: Biblioteca Central do Centro de Tecnologia.